البيوتكنولوجيا: التاريخ والمستقبل

تأليف

د. بن عمر شبة

أستاذ البيوتكنولوجيا المشارك

Biotechnology: History and Future

Edition

Dr. Ben Amar Cheba
Associate Professor of Biotechnology

Biotechnologie : Histoire et Avenir

Edition

Dr. Ben Amar Cheba
Maitre de Conférences on Biotechnologie

شــكر وتقديــر

الحمد لله وكفى، والصلاة على المختار المصطفى، ونحمد الله تعالى مذلِّل الصعاب وملهم الصواب على واسع رحمته وسابغ نعمته، وعلى توفيقه لختم هذا العمل وخروجه للنور، أما بعد:

فلا يسعني –وأنا أضع اللّمسات الأخيرة في هذا الكتاب –إلا التوجه بجزيل الشكر والامتنان والثناء والعرفان إلى كل من علّمني حرفاً، أو أسدى لي معروفاً، أو دعا لي بظهر الغيب، دون أن أنسى شكر عائلتي الصغيرة (زوجتي وأولادي) على صبرهم الجميل معي طيلة فترة إعداد وتنقيح هذا المؤلف، والذي آمل أن يثري المكتبة العربية ويحظى بالقبول عند كل من قرأه، وأن يكون مرجعا معينا للطلاب وملهما للتدريسيين والمهتمين بتاريخ العلوم المبتدئين منهم والمحترفين، وموسعا لمداركهم، ومعارفهم ومرئياتهم.

المؤلف

2

فهرس المحتويات

الموضــــوع	الصفحة
شكر وتقدير	2
فهرس المحتويات	3
مقدمة الكتاب	5
الباب الأول: تاريخ البيوتكنولوجيا	
1. التاريخ العام للبيوتكنولوجيا	9
التاريخ العام للبيوتكنولوجيا (حقبات)	10
التاريخ العام للبيوتكنولوجيا (فترات)	13
2. التاريخ المفصل البيوتكنولوجيا	16
1 .التكنولوجيا الحيويّة ما قبل الميلاد	16
2 .التكنولوجيا الحيويّة من الميلاد إلى 1800م	20
3 .التكنولوجيا الحيويّة من 1800م لما قبل القرن العشرين	25
4 .التكنولوجيا الحيويّة في الجزء الأول من القرن العشرين	30
5 .التكنولوجيا الحيويّة في الخمسينيات والستينيات من القرن الماضي	35
6 .التكنولوجيا الحيويّة في السبعينيات	39
7. التكنولوجيا الحيويّة في الثمانينيات	43
8. التكنولوجيا الحيويّة في التسعينيات	47
9 .التكنولوجيا الحيويّة 2000 - 2010	49

3

54	10. التكنولوجيا الحيويّة 2010 – 2020
58	11. التكنولوجيا الحيويّة 2020 – إلى الآن

الباب الثاني: مستقبل البيوتكنولوجيا

69	1. تكنولوجيا الخلايا الجذعية
71	2. هندسة الأنسجة
72	3. الطباعة الحيوية
73	4. التسلسل الجيني
74	5. تحرير الجينات
77	6. الذكاء الاصطناعي والتعلم الآلي
79	7. الصحة الرقمية
81	8. الطب الدقيق
82	9. الطب الشخصي
84	10. البيولوجيا التركيبية
86	11. التصنيع الحيوي
88	12. الاستدامة

91	**المصادر**
94	**الملخصات**
95	الملخص العربي
96	الملخص الفرنسي
98	الملخص الإنجليزي

مقدمة الكتاب

بسم الله الرحمن الرحيم، والحمد لله رب العالمين، والصلاة والسلام على أشرف الأنبياء والمرسلين؛ سيدنا محمد وعلى آله وصحبه أجمعين، أما بعد.

حدثت مراحل تطور مختلفة في التكنولوجيا الحيويّة لتلبية الاحتياجات المختلفة للإنسان ابتداءً من فجر العصور ووصولا إلى وقتنا الحاضر ، واستند تطويرها بشكل أساسي على الملاحظات ، وتطبيقها على سيناريوهات عملية، ومع تطور التقنيات الجديدة والفهم الأفضل لمختلف مبادئ علوم الحياة ، تسارع تطور التكنولوجيا الحيويّة وازدادت تعقيداتها وتعددت تطبيقاتها في شتى مناحي الحياة، سنقدِّم في هذا الكتاب تفصيلاً للأحداث التاريخية في مجال التكنولوجيا الحيويّة والتي تم تقسيم تطورها إلى مراحل أو فترات وإلى أحداث وشخصيات ومنجزات علمية متسلسلة .

يستعرض هذا الكتاب التسلسل الكرونولوجي أو الزمني لتطور التقنيات الحيويّة القديمة والحديثة، ابتداءً من اكتشافات السوماريين والبابليين والمصريين والصينيين واليونانيين والرومان إلى تطور تقنيات الاستخلاص والحفظ والتحويل، فقد سلط هذا الكتاب الضوء على الابتكارات والتطورات المضطردة في علم الجينوم والبروتيوميات

5

والمعلوماتية الحيويّة والذكاء الاصطناعي وغيرها من التقنيات التي تشكل مستقبل البيوتكنولوجيا.

من دواعي تأليفي لهذا الكتاب هو ندرة الموضوع وافتقار المكتبة العربية لهذا النوع من المراجع الأكاديمية ،وقلة المصادر المتخصصة أو المعنونة بتاريخ البيوتكنولوجيا عربيا أو حتى باللغات الأجنبية مما يُصعِّب المهمة على الطلاب والدارسين لفهم جذور هذا العلم وتطوراته التاريخية وتوجهاته المستقبلية ،ومن جهة أخرى موضوع هذا الكتاب يخدم الطلاب من أقسام متعددة؛ الأحياء والبيوتكنولوجيا والميكروبيولوجيا من كليات العلوم والزراعة والتربية ومن يدرسون مقرر البيوتكنولوجيا أو تاريخ العلوم من كليات ومعاهد أخرى؛ كالطب الصيدلة والبيئة والغابات وعلوم البحار وحتى الهندسة وغيرهم .

البيوتكنولوجيا(التاريخ والمستقبل) كتاب منهجي علمي ،مركز ومختصر ، تم تدعيمه بـ (72) شكلا من الأشكال التوضيحية لتسهيل الفهم والاستيعاب ،وقد وُزِّعت مادته على بابين ،أُفرد الأول منهما لسرد تاريخ البيوتكنولوجيا، وهو بدوره يضمّ فصلين ، يستعرض الأول الحقبات والفترات البارزة للتاريخ العام للبيوتكنولوجيا بصورة مختصرة وعابرة، أما الثاني فقد عرض التاريخ المفصل للبيوتكنولوجيا ؛بشرح التسلسل التاريخي المفصل لتطور التكنولوجيا الحيويّة عبر 11 مرحلة تبدأ من عصور

ما قبل الميلاد بـ 10000 سنة إلى مرحلة 2020 ، ومن الأخيرة إلى الآن ،مع التركيز على أهم الأحداث والشخصيات العلمية التي وضعت بصمتها بمنجزاتها العلمية الفارقة.

أما الباب الثاني (مستقبل البيوتكنولوجيا) فيشرح التطورات والابتكارات والتوجهات المستقبلية للتقنية الحيويّة معرجا على أهم التقنيات الواعدة؛ كتحرير الجينات وعلم الجينوميات وتطبيقات الذكاء الاصطناعي في الطب الشخصي والصحة الرقمية إلى جانب تكنولوجيا الخلايا الجذعية والهندسة النسيجية والطباعة الحيويّة والتصنيع الحيوي المراعي لأبعاد الاستدامة البيئية، كما تم تدعيم الكتاب ببعض المصادر والمراجع للاطلاع والاستزادة في هذا الموضوع المهم والملهم والمحوري.

وفي الختام أرجو أن يسهم هذا المصنف في التعريف بالجذور التاريخية للبيوتكنولوجيا وتطوراتها عبر العصور وأهميتها في تشكيل المستقبل وتحقيق التنمية المستدامة، كما أرجو من كل قارئ لهذا الكتاب، ألا يبخل علينا بملاحظاته وتصويباته لتفاديها وتداركها في لاحق الطبعات.

وفقنا الله وإياكم نحو بلوغ المراد، والله من وراء القصد وولي التوفيق.

المؤلف

الباب الأول: تاريخ البيوتكنولوجيا

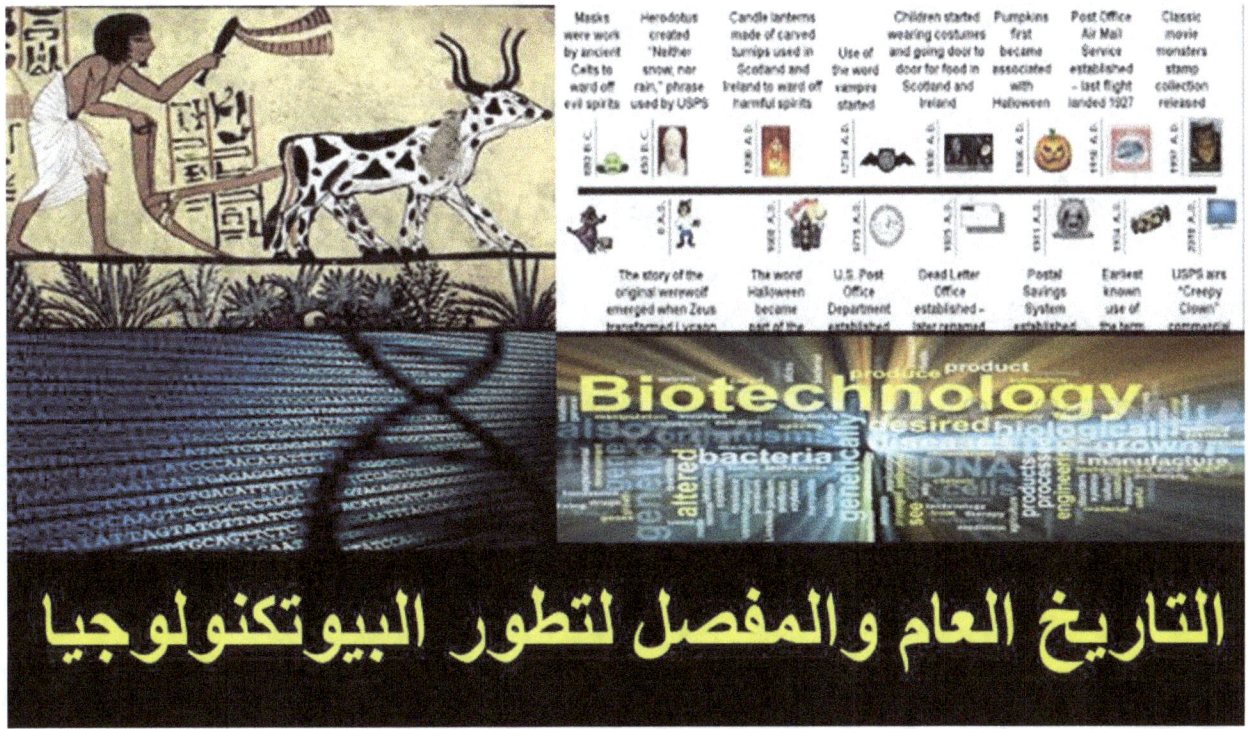

التاريخ العام والمفصل لتطور البيوتكنولوجيا

مقدِّمة:

من المعروف أن التطبيق التقني للمواد البيولوجية يعتبر تقنية حيوية لفهم كيفية عمل التكنولوجيا الحيوية، ومن المهم التفكير في نقطة البداية لعمليات التكنولوجيا الحيوية، فبشكل عام تستخدم التكنولوجيا الحيويّة المواد الحية أو المنتجات البيولوجية لتوليد منتجات جديدة لاستخدامها في مختلف التطبيقات: الطبية، والزراعية، والصيدلانية، والبيئية، ويبقى الهدف النهائي للتكنولوجيا الحيويّة هو إفادة البشرية؛ من خلال إنتاج محاصيل مقاومة، وخضروات، وبروتينات مؤتلفة، وحيوانات ذات إنتاجية عالية الحليب، و...... إلخ.

في هذا الباب سنستعرض التاريخ العام والمفصل لتطور البيوتكنولوجيا على هذا التوزيع:

الفصل الأول: التاريخ العام للبيوتكنولوجيا

حدثت مراحل تطوّرٍ مختلفة في التكنولوجيا الحيويّة لتلبية الاحتياجات المختلفة للإنسان، في ذلك الوقت استند تطويرها بشكل أساسي على الملاحظات، وتطبيقها على سيناريوهات عملية، وبسبب تطور التقنيات الجديدة والفهم الأفضل لمختلف مبادئ

9

علوم الحياة، ازداد تعقيد التكنولوجيا الحيوية، لهذا سنقدم تفصيلاً للأحداث التاريخية في مجال التكنولوجيا الحيويّة التي يمكن تقسيم تطورها إلى مراحل أو فئات واسعة وإلى أحداث ومنجزات علمية متسلسلة.

I. حقبات التاريخ العام للبيوتكنولوجيا:

1. **حقبة التكنولوجيا الحيويّة القديمة:** التاريخ المبكِّر يتعلق بالغذاء والمأوى، ويشمل التدجين.

2. **حقبة التكنولوجيا الحيويّة الكلاسيكية:** تخمير إنتاج الغذاء والدواء.

3. **حقبة التكنولوجيا الحيويّة الحديثة:** تتلاعب بالمعلومات الوراثية في الكائن الحي أي الهندسة الوراثية

مظاهر النشاط الزراعي في مصر القديمة

مظاهر الرعي وتدجين الحيوانات في الصحراء الكبرى كما هو موثق في رسومات صخور مدينة صفار الجزائرية

مظاهر الرعي وتدجين الحيوانات في مصر القديمة

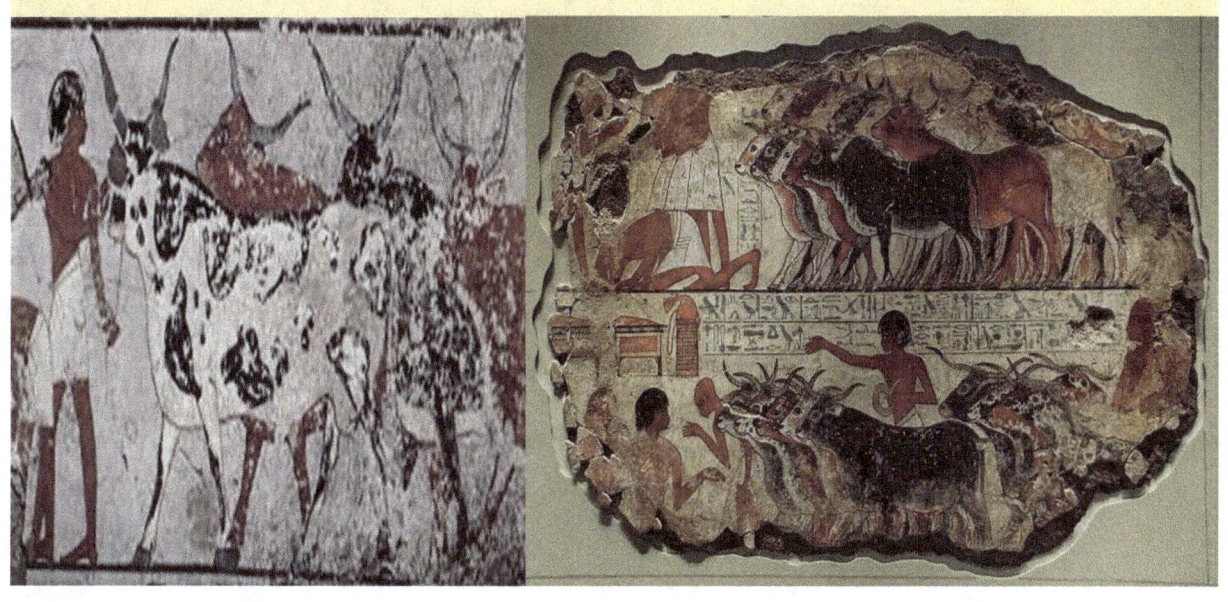

II .الفترات البارزة أو مراحل التاريخ العام للبيوتكنولوجيا:

1. فترة التكنولوجيا الحيويّة القديمة (8000-4000 قبل الميلاد):

تتعلق بالتاريخ المبكِّر وفجر الحضارات (السومارية والبابلية والفرعونية والصينية) أين تعلم الإنسان جمع الغذاء والزراعة والصيد وبناء المأوى إلى جانب تدجين الحيوانات والنباتات كالقمح والذرى.

2. فترة التكنولوجيا الحيويّة الكلاسيكية (2000 قبل الميلاد -1800 م): بنيت على التكنولوجيا الحيويّة القديمة وتتعلق بالتطبيقات والتخمينات المبكرة وعملية التخمير في إنتاج الغذاء والدواء.

3. فترة 1800 -1900: حصلت فيه تطورات كبيرة في الفهم الأساسي لمبادئ البيولوجيا.

4. فترة 1900-1953: تطور فيها علم الوراثة.

5. فترة 1953 - 1976: أبحاث الحمض النووي تسارعت وبدأ العلم ينفجر.

6. فترة 1977 ـ الوقت الحاضرأو فترة البيوتكنولوجيا الحديثة: تطورت فيها الهندسة الوراثية ومكنت التقنيات المختلفة من تحسين إنتاجية المحاصيل وجودة الغذاء والزراعة وإنتاج مجموعة أوسع من المنتجات والصناعات الحيويّة.

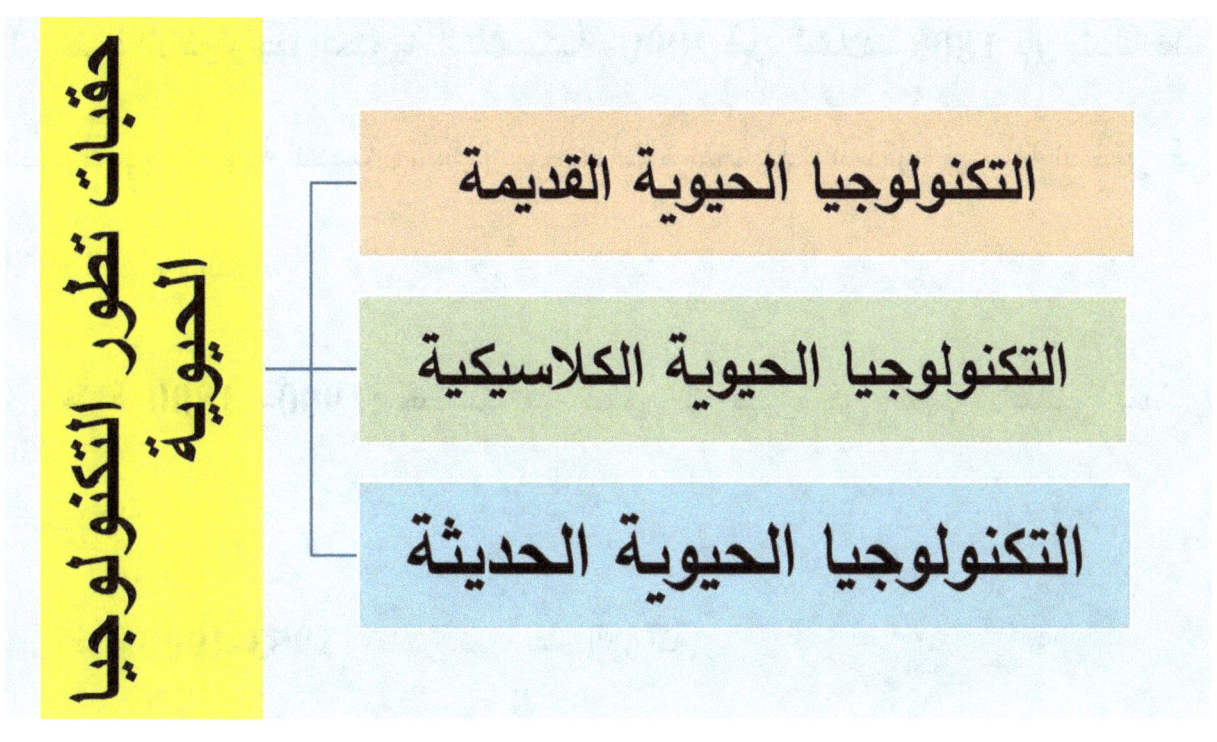

جدول1: تسلسل المنتجات أو العمليات المطورة في العصور القديمة للبيوتكنولوجيا	
م	**المنتج أو العملية المطورة**
1	تدجين الحيوانات
2	حفظ الأغذية
3	الأجبان
4	الخميرة والجعة
5	الخل
6	التخمير
7	المخمرات
8	المضادات الحيوية

الفصل الثاني: التاريخ المفصّل للبيوتكنولوجيا

التاريخ المفصل للبيوتكنولوجيا يشرح التسلسل التاريخي المفصل لتطور التكنولوجيا الحيويّة عبر 11 مرحلة؛ تبدأ من عصور ما قبل الميلاد بـ 10000 سنة إلى مرحلة 2020- ومنها إلى الآن.

1. **التكنولوجيا الحيويّة ما قبل الميلاد:**

• 10000 سنة قبل الميلاد: أو 12000 م اعتبرها العلماء بداية للتكنولوجيا الحيويّة حيث اتسمت بتعلم الإنسان تدجين الحيوانات في الشرق الأوسط، وكانت الماشية والماعز والأغنام من أوائل الحيوانات المدجنة للغذاء.

• 7000 قبل الميلاد (ق.م): تم استخدام الخميرة في تحضير البيرة عند السوماريين والبابليين.

• 6000 ق.م: تحضير اللبن الرائب والجبنة من قبل السوماريين والبابليين

مظاهر حلب الأبقار وصناعة الألبان والأجبان عند السومريين

العثور على قوالب جبنة أثرية في سقارة المصرية عمرها 2600 سنة

- 4000 ق.م: خَبَزَ المصريّون الخبز المُخمّر باستعمال الخميرة.

مظاهر صناعة الخبز في مصر القديمة

صناعة الخبز المخمر بإضافة الخميرة في مصر القديمة

- 3500 ق.م: أنتج الآشوريون النبيذ.

- 500 ق.م: استخدم الصينيون الخثارة المتعفنة لفول الصويا كمضاد حيوي لمعالجة الدمامل.

- 420. ق.م: الفيلسوف اليوناني سقراط (470-399 قبل الميلاد) افترض تماثل الخصائص بين الوالدين وذريتهم.

- 400 ق.م: عالج أبو قراط المرضى بالخل.

- 320 ق.م: وضع الفيلسوف اليوناني أرسطو (384 - 322 قبل الميلاد) نظرية أن الوراثة كلها تنشأ من الأب.

- 250 ق.م: مارس الإغريق الدورة الزراعية أو تناوب المحاصيل لضمان أقصى خصوبة للتربة.

- 100 ق.م: استخدم الصينيون مسحوق الأقحوان (chrysanthemum)كمبيد حشري.

2. التكنولوجيا الحيويّة من الميلاد إلى 1800م:

. **700 بعد الميلاد:** استخدام الأعفان لتكسير الأرز في عملية تحضير الكوجي.

. **1000 م:** أدرك **الهندوس** أن بعض الأمراض قد "تنتشر في الأسرة" في نفس الوقت، نظرية النشوء أو التوليد التلقائي القائم على فكرة أن الكائنات الحية تنشأ من مادة غير حية تم تطويرها وفقًا لهذه النظرية، مثلا يمكن أن تتطور الديدان من شعر الحصان.

1300م: استخدم **الأزتيك** طحالب سبيرولينا لصنع الكعك.

يعد البغل من أقدم الأمثلة على التهجين لصالح البشر؛ فالبغل هو نسل حمار ذكر وأنثى حصان بدأ الناس في استخدامه في النقل وحمل الأثقال والزراعة عندما لم تكن هناك جرارات أو شاحنات.

البغال من أقدم الأمثلة على تهجين الحيوان لصالح البشر. البغل هو نسل حمار ذكر وأنثى حصان

• 1400م : أصبح تقطير المشروبات الكحولية شائعًا في أجزاء كثيرة من العالم، كما بدأ تصنيع الخل في فرنسا.

• 1590: اخترع يانسن المجهر

جانسن مبتكر أو مخترع أول مجهر

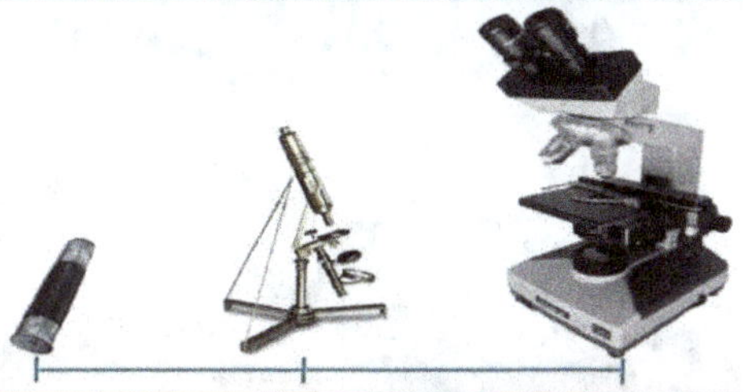

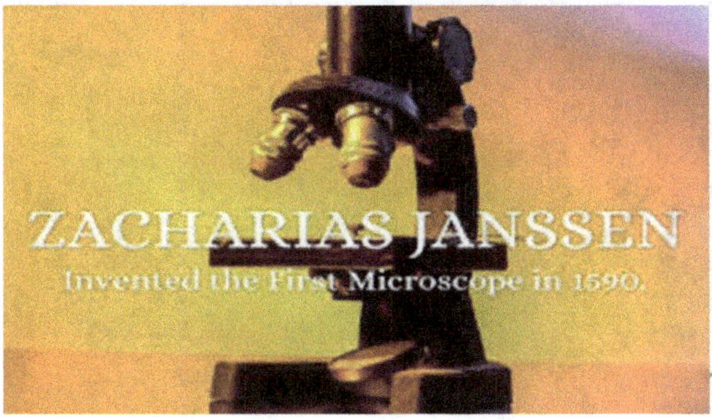

ZACHARIAS JANSSEN
Invented the First Microscope in 1590.

ZACHARIAS IANSEN.
fere Sounedas primus Confpicilioum inventor.

- 1630: أوضح ويليام هارفي أن النباتات والحيوانات متشابهة في التكاثر ، أي التكاثر الجنسي.

- 1663: اكتشف هوك الخلايا

روبرت هوك واكتشاف الخلية

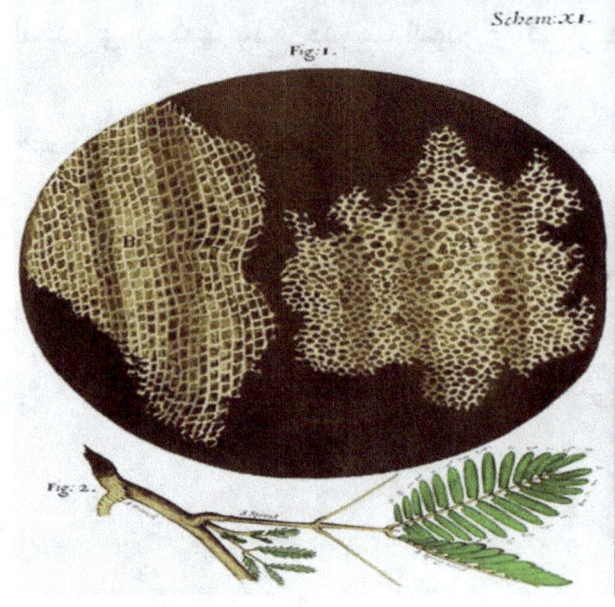

• 1675: اكتشف(ليوينهوك) البكتيريا والأوليات.

Anthony van Leeuwenhoek واكتشاف البكتيريا والأوليات

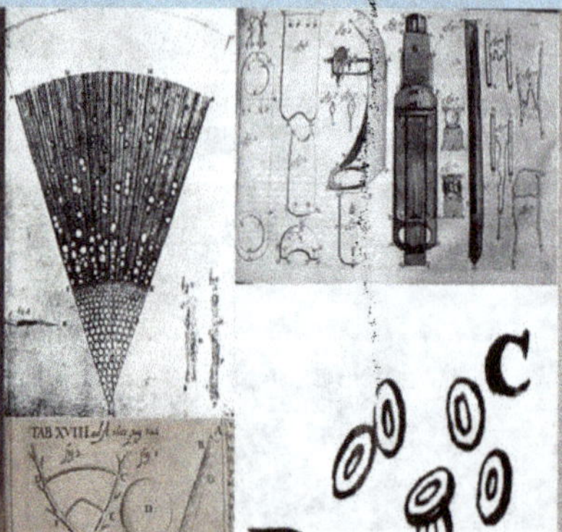

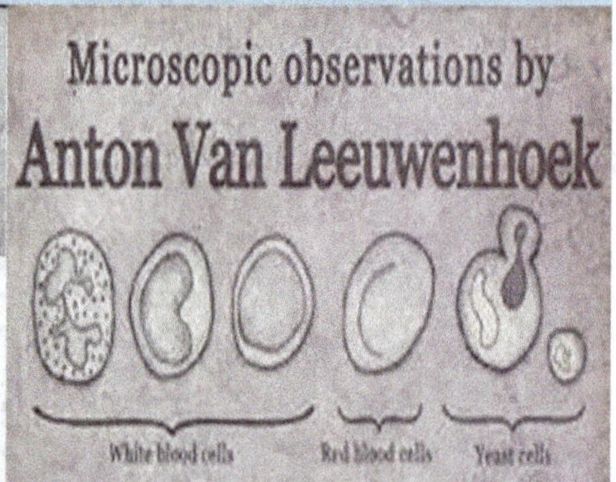

• 1701: وجد Giacomo Pylarini أن العملية التي تستخدم جدري البقر بدلاً من الجدري يمكنها منع حدوث الجدري في وقت لاحق من الحياة، وخاصة في الأطفال. وتم تسمية هذا الإجراء "التطعيم" واعتُمد كعلاج أكثر موثوقية.

• 1797: لقّح (جينر) طفلًا بلقاح فيروسي لحمايته من الجدري.

إدوارد جينر يلقح طفلا ضد مرض الجدري الفيروسي

3. التكنولوجيا الحيويّة من 1800م لما قبل القرن العشرين.

- 1802: وفي هذه السنة تم استخدام مصطلح "علم الأحياء" لأول مرة.

- 1809: اخترع (نيكولاس أبيرت) تقنية باستخدام الحرارة لتعليب الطعام وتعقيمه.

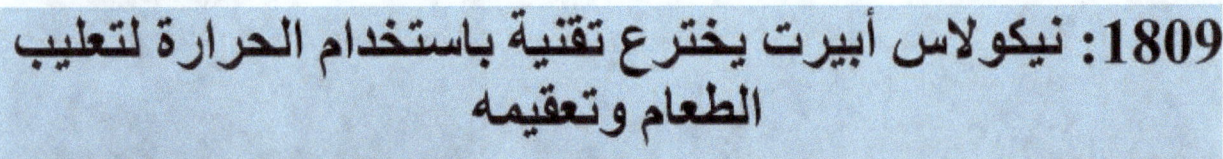

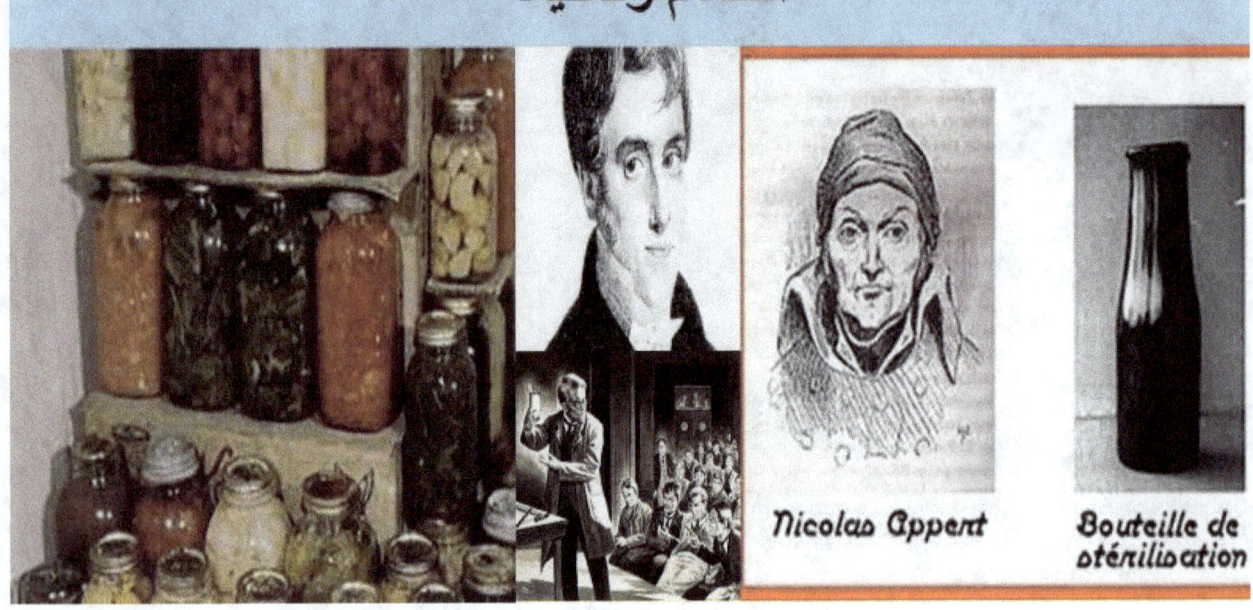

- 1824 - اكتشف (هنري دوتروشيه) أن الأنسجة تتكون من خلايا حية.

1824 ـ اكتشف هنري دوتروشيه أن الأنسجة تتكون من خلايا حية

- 1830: اكتشاف البروتينات، اللبنات الأساسية للخلايا.

- 1833: اكتشاف نواة الخلية.

- 1850: اكتشف Casimir Davaine أجسامًا على شكل قضيب في دم الأغنام المصابة بالجمرة الخبيثة، وتمكّن هذا العالم من إنتاج المرض في الأغنام السليمة عن طريق تلقيح مثل هذا الدم.

- 1855: اكتشاف بكتيريا الإشريكية القولونية.

ثيودور فون إيشيريش ، مكتشف الإشريكية القولونية

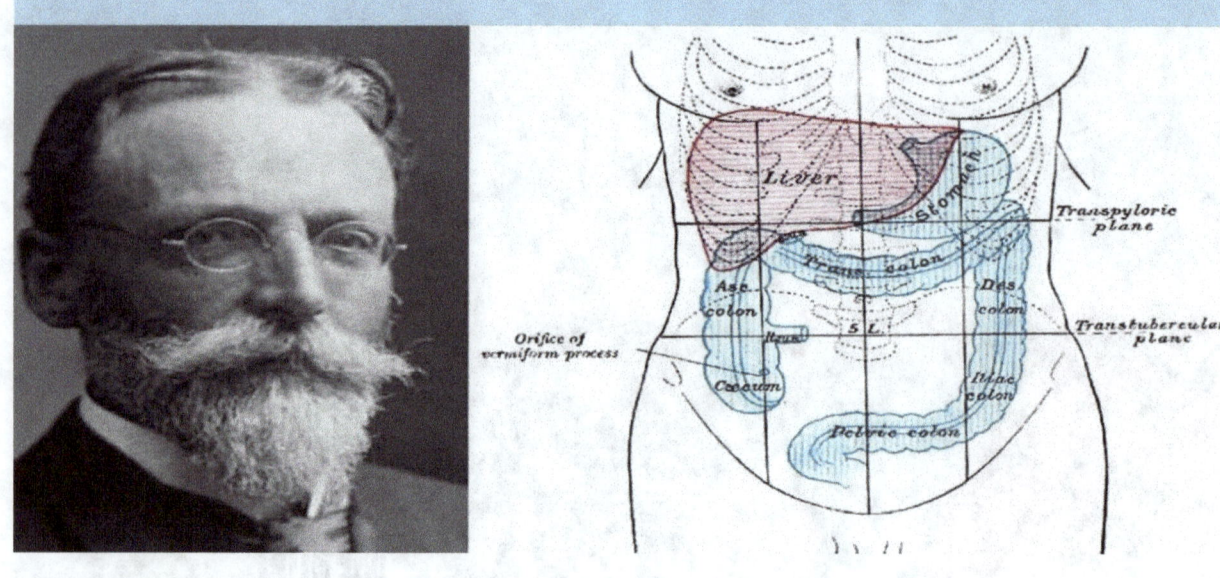

- 1855: عَمِل (باستور) على الخميرة وأثبت أنها كائنات حية.

لويس باستور وأبحاثه على الخمائر

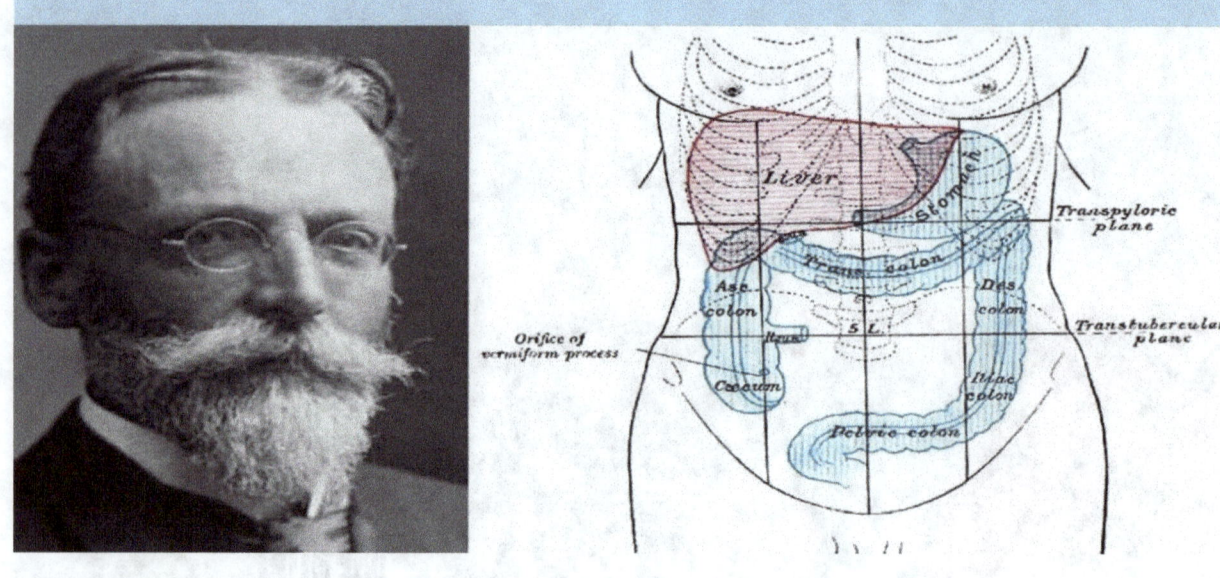

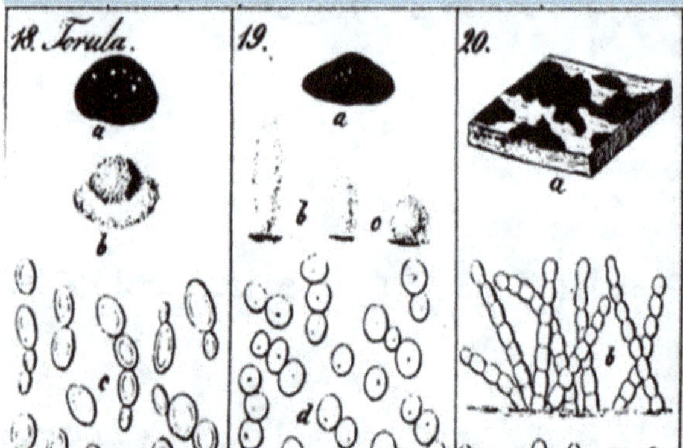

27

• 1863: اكتشف (مندل) الجينات أثناء عمله مع البازلاء، ووضع بذلك الأساس لعلم الوراثة.

• 1864 - اخترع (أنتونين برانتل) أول جهاز طرد مركزي لفصل الكريمة عن الحليب.

•1869 - حدد (فريدريش ميشر) الحمض النووي في الحيوانات المنوية لتراوت.

1870: (والثر فليمنج) يكتشف الانقسام الخيطي أو الميتوزي.

1870: والثر فليمنغ يكتشف الانقسام الخيطي أو الميتوزي

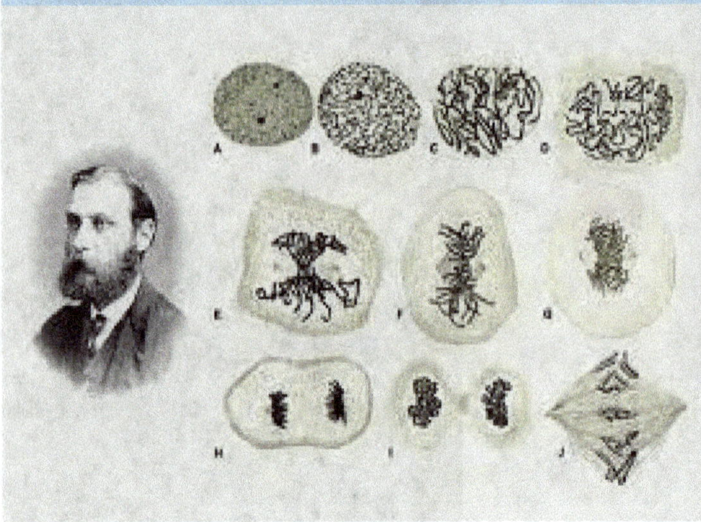

- 1870: زاوج المربون القطن، وقاموا بتطوير مئات الأصناف ذات الجودة العالية.

- 1871 - اكتشف (فيليكس هوبي) (سيلر إنفرتيز) الذي لا يزال يستخدم لصنع المحليات الصناعية.

- 1877 - طور (روبرت كوخ) تقنية لتلوين البكتيريا للتعرف عليها.

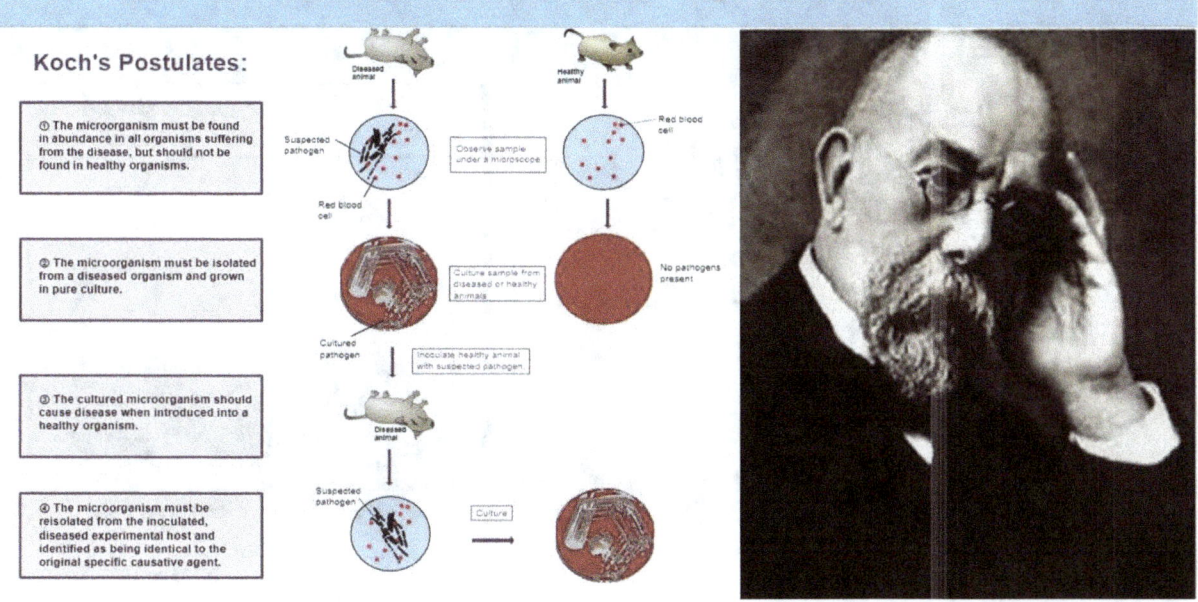

روبرت كوخ وفرضيته المرضية

• 1879: اكتشف (فليمنغ) الكروماتين.

• 1883: تم تطوير لقاح داء الكلب.

• 1888: اكتشف (فالدير) الكروموسوم

4. التكنولوجيا الحيويّة في الجزء الأول من القرن العشرين:

• 1902: استخدم مصطلح "علم المناعة" لأول مرة.

• 1906: تم استخدام مصطلح "علم الوراثة".

30

1909 :ترتبط الجينات بالاضطرابات الوراثية.

1911 :اكتشف عالم الأمراض الأمريكي بيتون روس أول فيروس مسبب للسرطان.

• 1915 :تم اكتشاف الفيروسات البكتيرية المسماة العاثيات أو البكتريوفاجات.

• 1919 :استخدم مصطلح "التكنولوجيا الحيوية" لأول مرة.

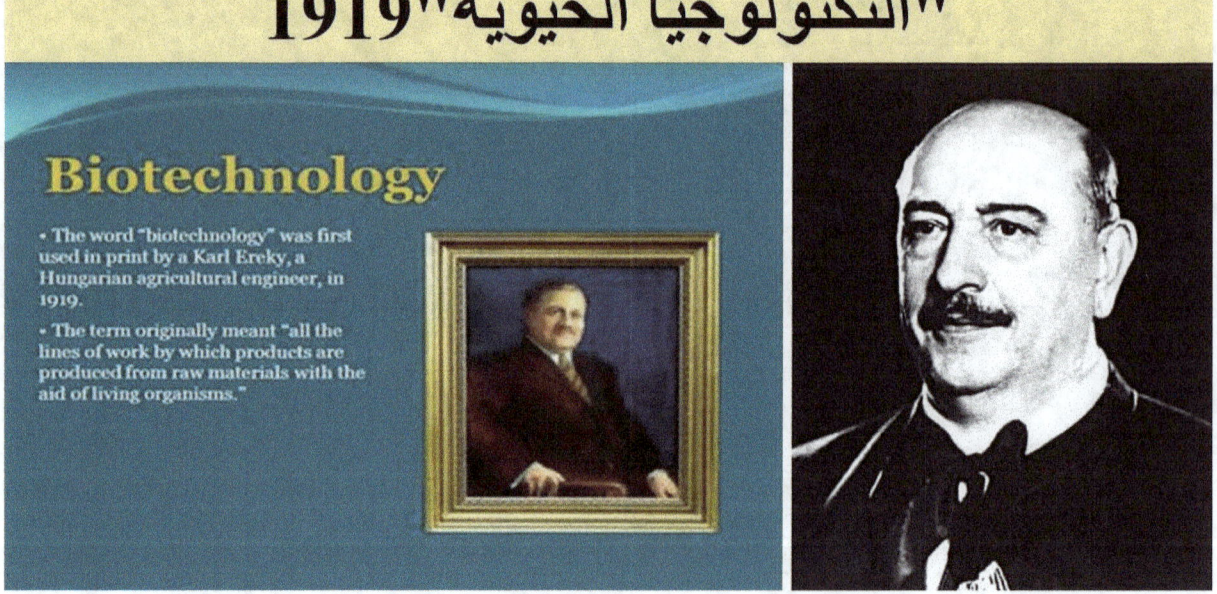

كارولي إريكي: مهندس زراعي سك مصطلح "التكنولوجيا الحيوية" 1919

•1924: بداية حركة تحسين النسل في الولايات المتحدة.

• 1926: تم إعادة تعريف مبدأ علم الوراثة في الوراثة بواسطة T.H. مورغان، الذي أظهر الوراثة ودور الكروموسومات في الوراثة باستخدام ذباب الفاكهة، سمي هذا العمل التاريخي بـ "نظرية الجين ".

توماس هانت مورغان وأبحاثه علة ذباب الفاكهة

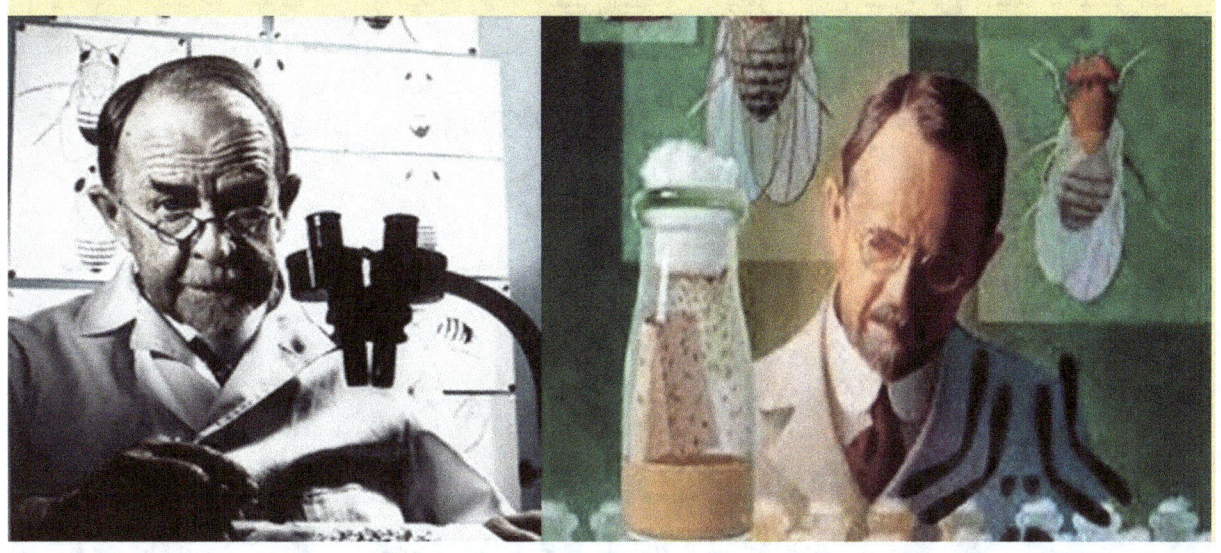

- 1927: اكتشف مولر أن الأشعة السينية تسبب طفرة.

- 1928: اكتشف فليمنج البنسلين.

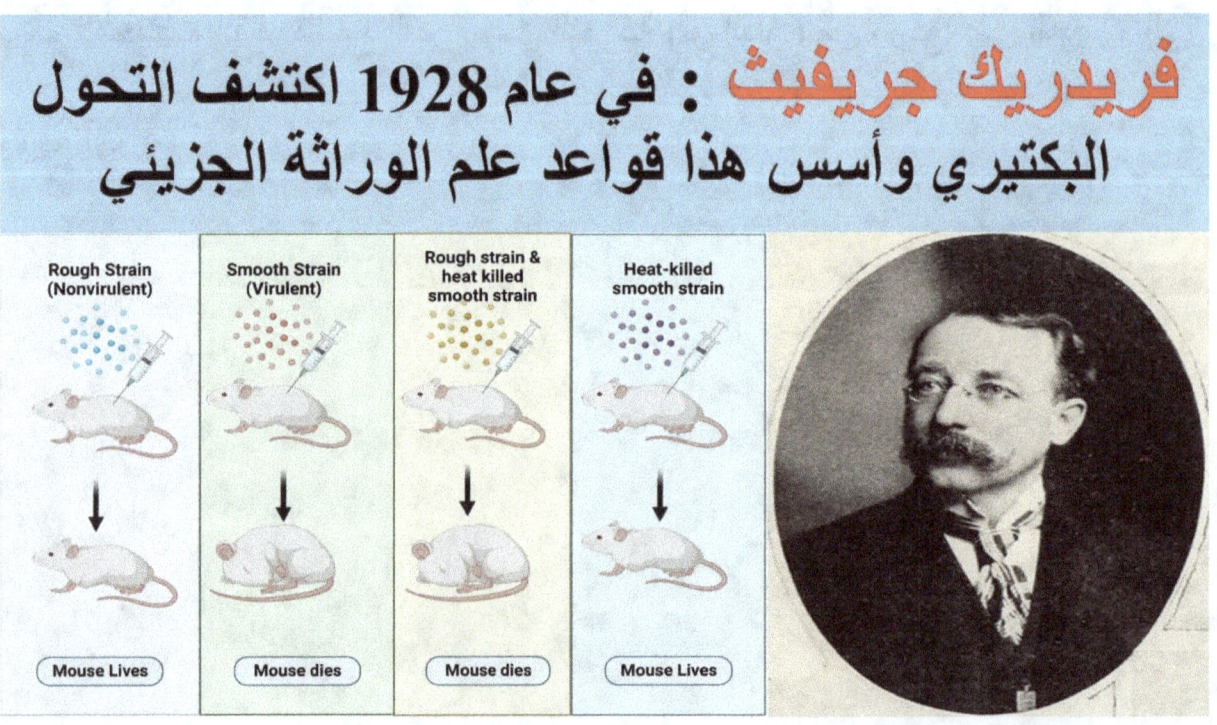

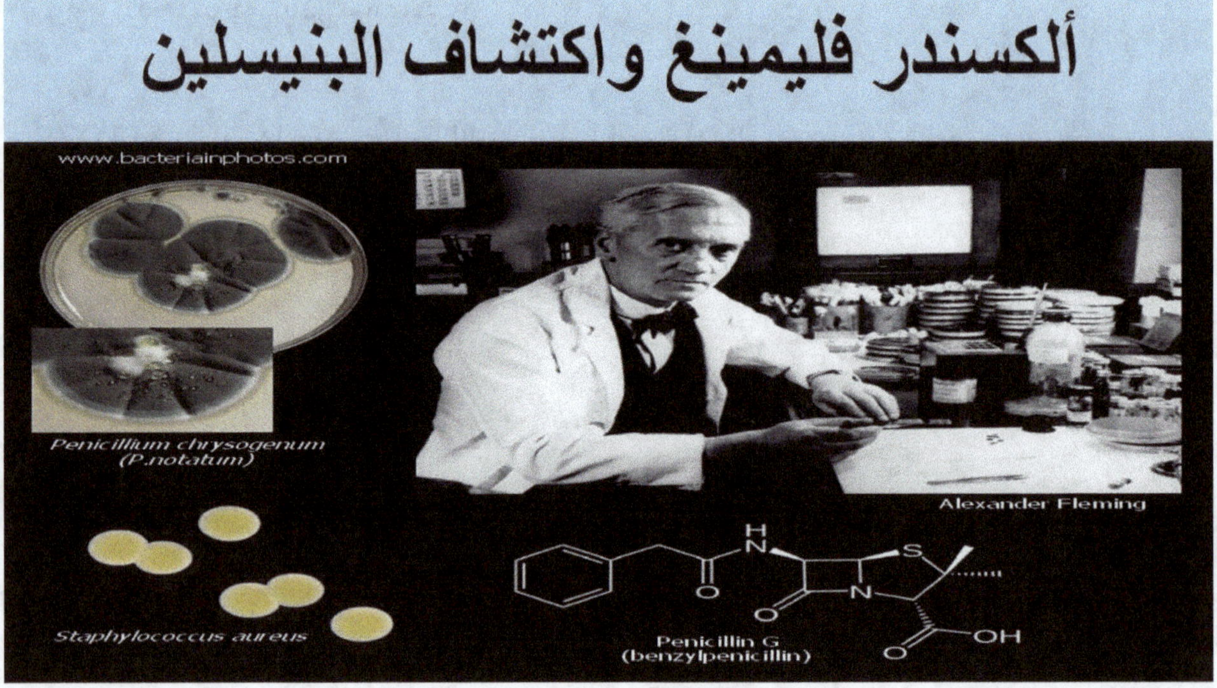

ألكسندر فليمينغ واكتشاف البنيسلين

- 1928: اكتشف فريدريك جريفيث التحول البكتيري، وأرسى بهذا أساس علم الوراثة الجزيئي.

فريدريك جريفيث : في عام 1928 اكتشف التحول البكتيري وأسس هذا قواعد علم الوراثة الجزيئي

•1933: تم تسويق الذرة الهجينة.

• 1938: تم استخدام مصطلح "البيولوجيا الجزيئية" لأول مرة.

• 1941: تم استخدام مصطلح "الهندسة الوراثية" لأول مرة.

• 1942: استخدم المجهر الإلكتروني في تمييز الفيروسات التي تصيب البكتيريا، أوما يسمى بالعاثيات.

•1942: يتم إنتاج البنسلين بكميات كبيرة في الميكروبات لأول مرة.

• 1944: إثبات بأن الحمض النووي لبنة بناء الجين.

•1947: باربرا مكلينتوك لأول مرة تكتشف "العناصر القابلة للتحويل" المعروفة باسم "الجينات القافزة" مع القدرة على الحركة (أو القفز) من موقع على الجينوم إلى موقع آخر.

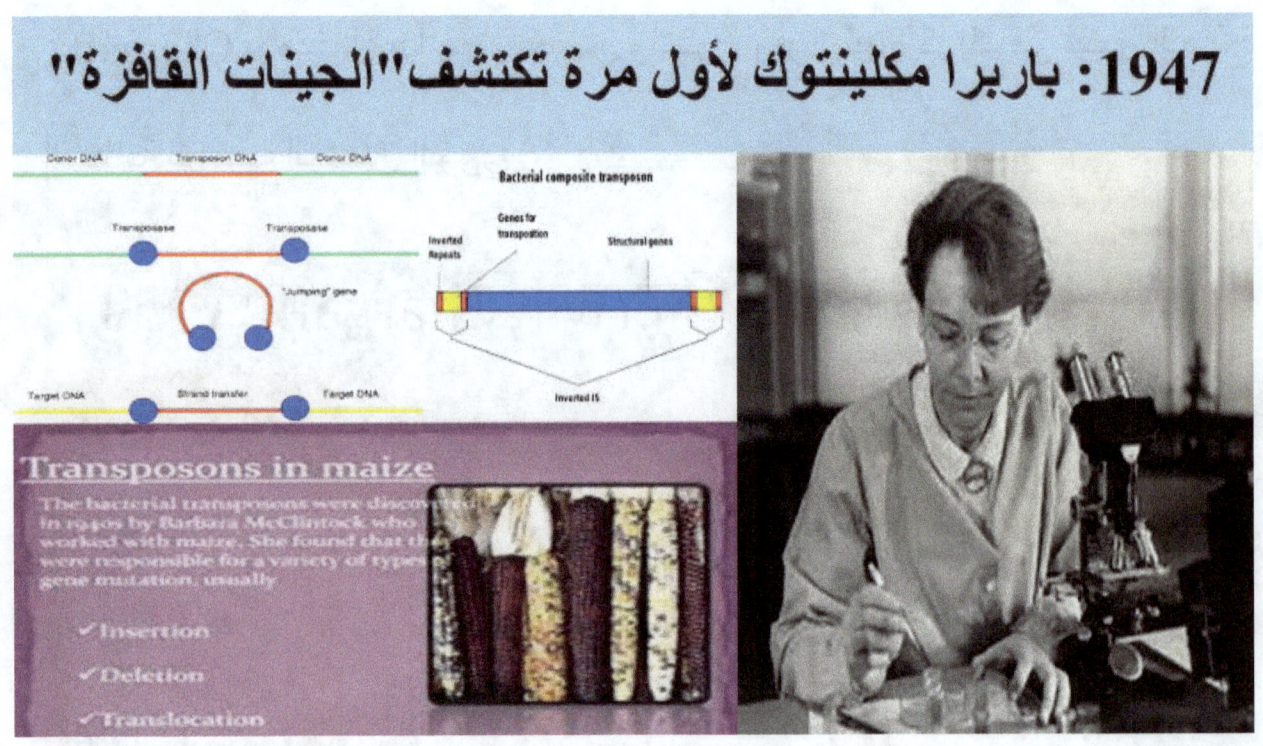

• 1949: أثبت بولينج أن فقر الدم المنجلي هو "مرض جزيئي" تسببه طفرة.

5. التكنولوجيا الحيويّة في الخمسينيات والستينيات من القرن الماضي:

• الخمسينيات: صنع أول مضاد حيوي صناعي.

• 1950: اكتشف Erwin Chargaff أن مستويات الأدينين والثايمين نفسها موجودة في الحمض النووي، وكذلك الحال فيما يخص مستويات الجوانين والسيتوزين، سميت هذه الجمعيات فيما بعد"Chargaff's قواعد'، في وقت لاحق عملت قواعد

Chargaff بوصفها مبدأ مهمًّا لجيمس واتسون وفرانسيس كريك في قياس النماذج

المختلفة لتركيب الحمض النووي.

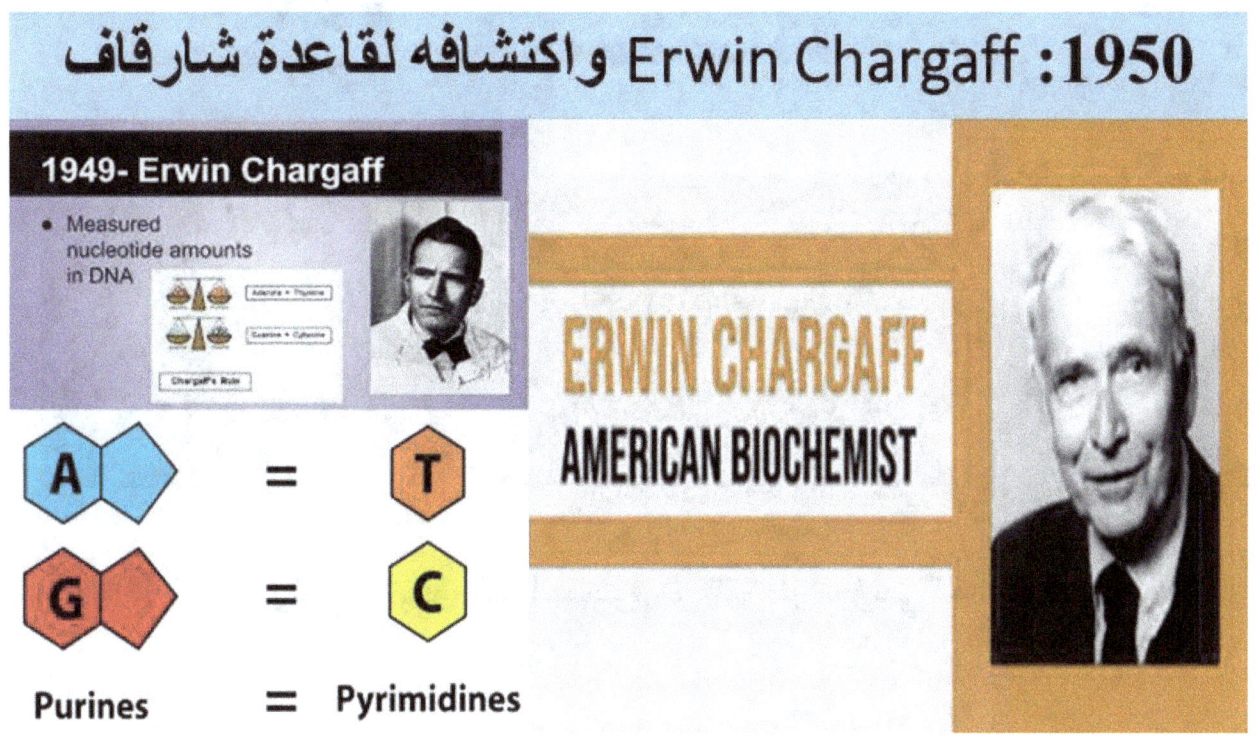

•1951: تم إجراء التلقيح الاصطناعي للماشية باستخدام السائل المنوي المجمد.

•1952 : أنشأ جورج أوتو جي خطا خلويا مستمرا مأخوذا من سرطان عنق رحم

بشري، لا يزال هذا الخط الخلوي المعروف باسم (هيلا) مستخدمًا في الأبحاث

العلاجية.

1952: جورج أوتو جي والخط الخلوي المستمر والمأخوذ من سرطان عنق الرحم البشري (HeLa cell line)

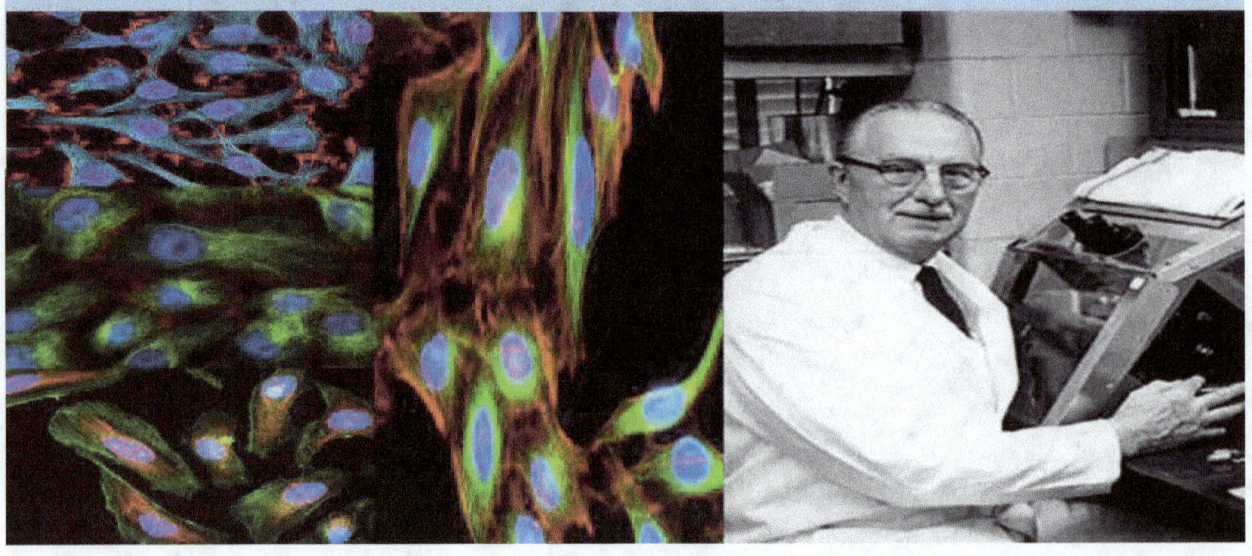

• 1953: فهم واتسون وكريك بنية الحمض النووي.

واتسون وكريك واكتشاف بنية الدنا

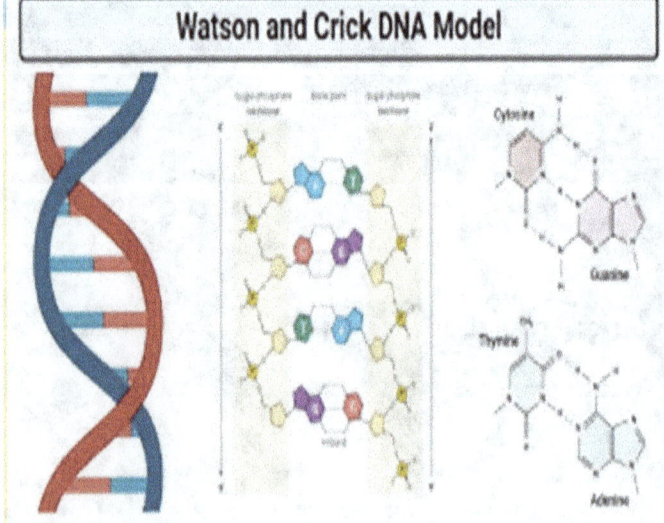

Watson and Crick DNA Model

- 1954: استخدام تقنيات زراعة الخلايا لأول مرة.

- 1955: عزل إنزيم (DNA polymerase) يشارك في إنتاج حمض نووي.

- 1956: تم إتقان عملية التخمير.

- 1957: كشف العلماء أن فقر الدم المنجلي يحدث بسبب تغير في أحد الأحماض الأمينية في الهيموجلوبين.

- 1958: يصنع الدكتور آرثر كورنبرغ من جامعة واشنطن في سانت لويس الحمض النووي في أنبوب اختبار لأول مرة.

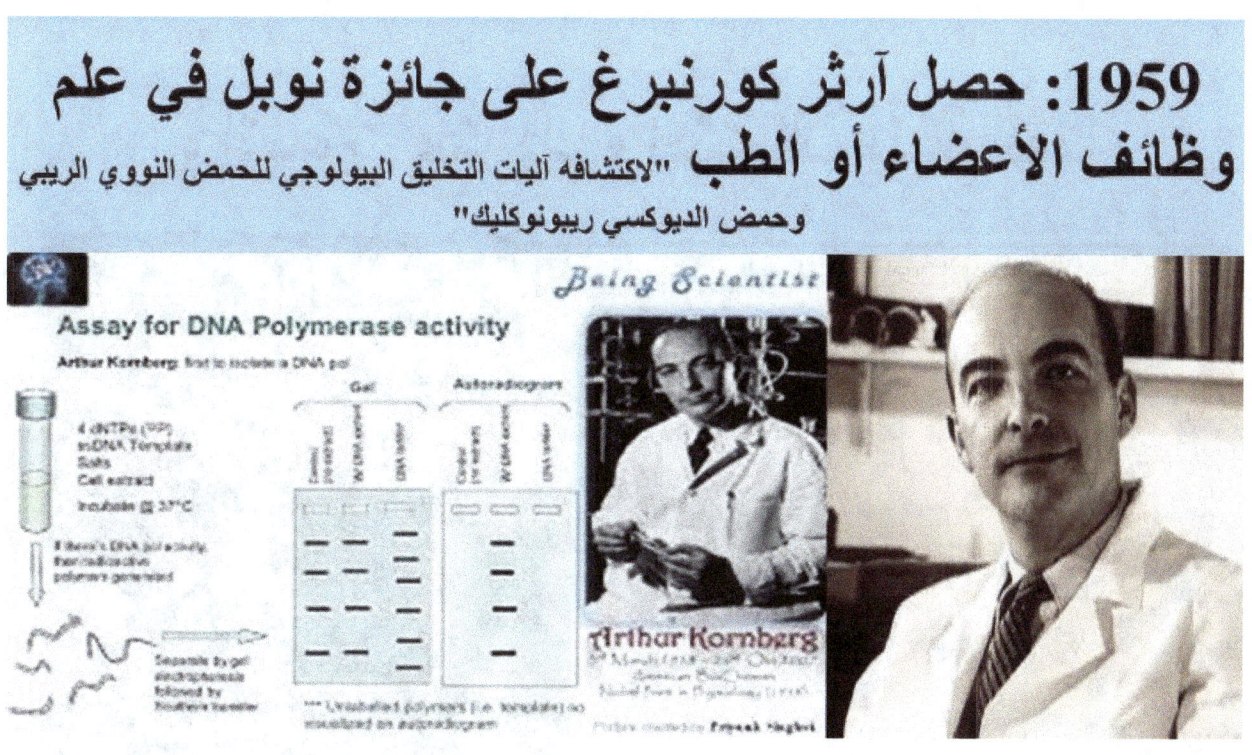

• 1960: تم اكتشاف (Messenger RNA)

• 1962: اكتشف الدكتور أوسامو شيمومورا البروتين الفلوري الأخضر في قنديل البحر *Aequorea victoria*. طوره لاحقًا إلى أداة لمراقبة العمليات الخلوية غير المرئية سابقًا.

• 1963: قام الدكتور صموئيل كاتز والدكتور جون ف. إندرز بتطوير أول لقاح ضد الحصبة.

• 1964: توقع وجود النسخ العكسي.

• 1967: تم إتقان أول مسلسل بروتين (protein sequencer) أوتوماتيكي.

• 1967: طور الدكتور موريس هيلمان أول لقاح أمريكي للنكاف.

• 1960: فهمت الشفرة الجينية.

• 1969: تم تطوير أول لقاح ضد الحصبة الألمانية.

6. التكنولوجيا الحيويّة في السبعينيات:

• 1970: تم اكتشاف إنزيمات التقييد.

• 1970: حدد عالما الفيروسات بيتر إتش ديسبرج وبيتر ك. فوجت أول جين ورمي في الفيروس (Oncogenes)، يمكن استخدام هذا الجين لدراسة مختلف السرطانات البشرية.

• 1971: تم تشكيل اللقاح المجمع ضد الحصبة / النكاف / الحصبة الألمانية.

• 1972: إثبات أن تركيبة الحمض النووي للبشر تشبه 99٪ لتكوين الشمبانزي والغوريلا.

• 1972: أول جزيء DNA مؤتلف حيث استخدم بول بيرج، عالم الكيمياء الحيويّة، إنزيم تقييد لتقطيع الحمض النووي إلى شظايا واستخدم إنزيم ليجاز للانضمام إلى شريطين من الحمض النووي في نفس الوقت لتشكيل جزيء دائري هجين، كان هذا هو أول جزيء لحمض نووي مؤتلف أو معاد ارتباطه (First recombinant DNA molecule) (rDNA).

1972: بول بيرج وأول جزيء DNAمؤتلف أو مكلون

- 1973: اختبار أميس.

عالم الكيمياء الحيويّة في جامعة كاليفورنيا بيركلي Bruce Nathan Ames قام، بتطوير اختبار لتمييز المواد الكيميائية التي تضر بالحمض النووي، في وقت لاحق أصبح اختبار أميس يستخدم على نطاق واسع لتحديد المواد المسببة للسرطان.

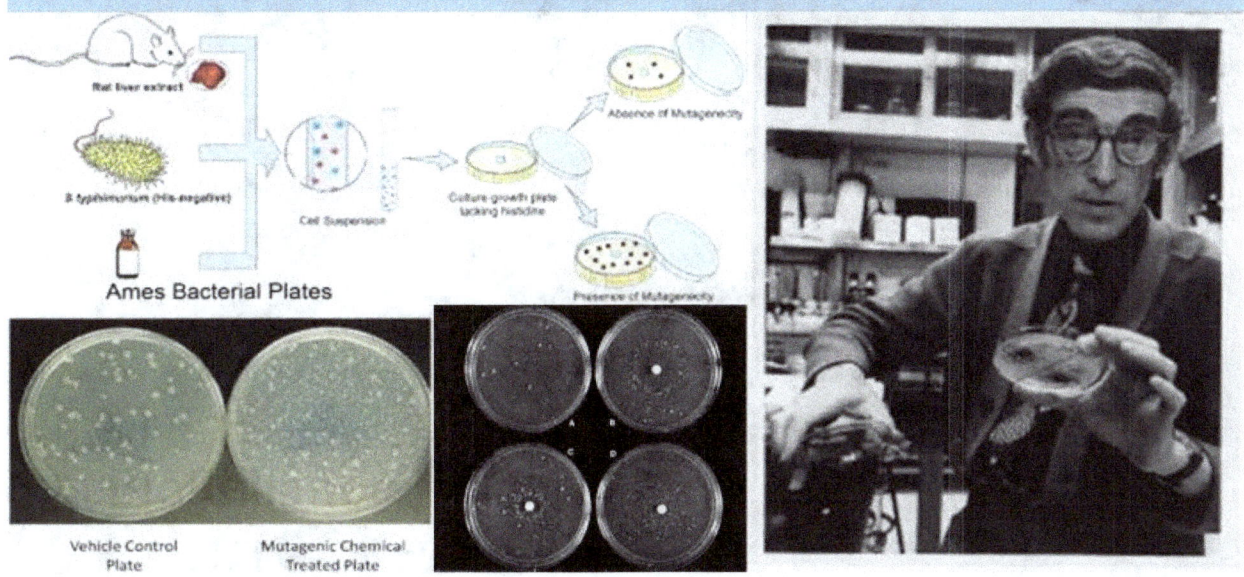

1973: Bruce Nathan Ames وابتكاره لإختبار المواد المسرطنة

- 1977: تم استخدم البكتيريا المعدلة وراثيًا لصنع بروتين النمو البشري.

- 1977: تم إجراء عملية التسلسل لأول مرة بواسطة العالم فريدريك سانجر، وكان أول كائن حي على الإطلاق يتم تسلسل جينومه هو العاثية.

فريدريك سانجر: عالم كيمياء حيوية إنجليزي حصل على جائزة نوبل في الكيمياء مرتين. أولاها 1958 لتحديد تسلسل الأحماض الأمينية للأنسولين والعديد من البروتينات الأخرى.

Frederick Sanger

• 1978: علماء نورث كارولينا وهوتشينسون وEdgell ، أثبتوا أنه من الممكن إدخال طفرات معينة في مواقع محددة في جزيء DNA

•1979: تم تصنيع أول الأجسام المضادة أحادية النسيلة

7. التكنولوجيا الحيويّة في الثمانينيات:

• 1980: وافقت المحكمة العليا الأمريكية على براءات الاختراع لأشكال الحياة المهندسة وراثيًا.

- 1980: تم منح براءة الاختراع الأمريكية لاستنساخ الجينات إلى Boyer and Cohen. 1981: تم إنشاء مركز نورث كارولينا للتكنولوجيا الحيويّة ـ أول مركز أبحاث للتكنولوجيا الحيويّة برعاية الدولة.

- 1981: تم الإبلاغ عن أول نبات معدَّل وراثيًا.

- 1981: أول فئران يتم استنساخها بنجاح.

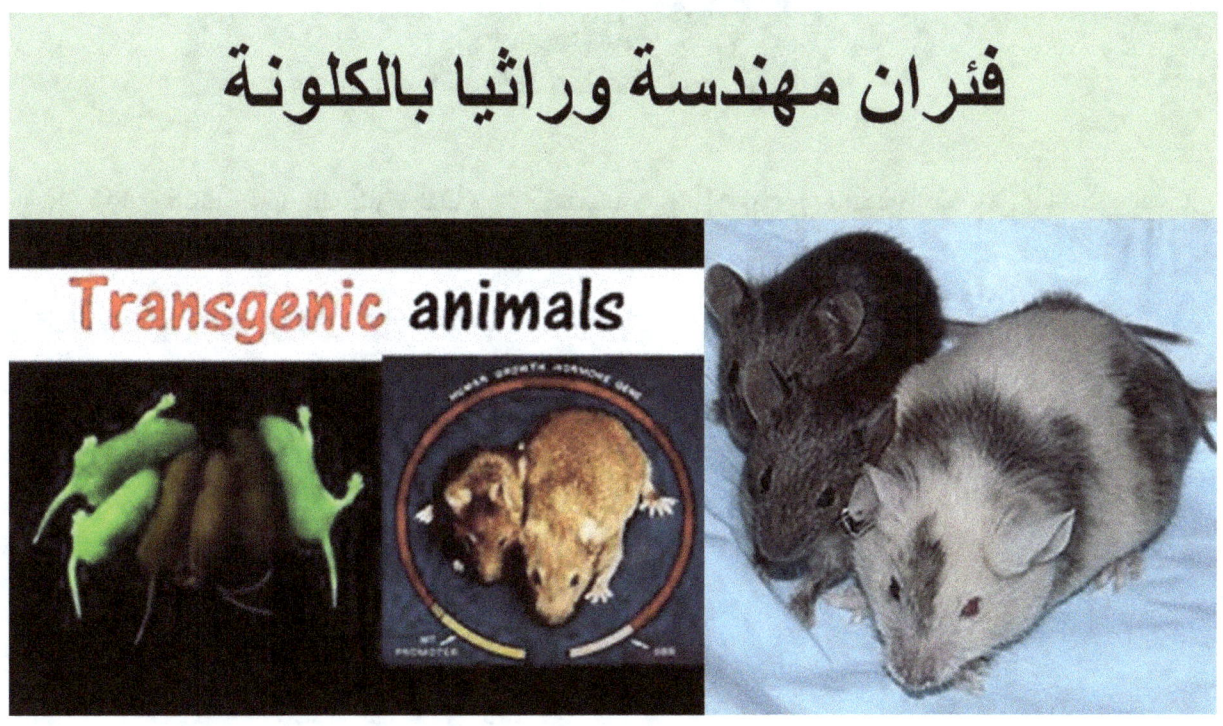

فئران مهندسة وراثيا بالكلونة

- 1982: هومولين (Humulin)، عقار إنسولين بشري، تنتجه بكتيريا معدلة وراثيًا (أول عقار بيو تكنولوجي معتمد من قبل إدارة الأغذية والدواء).

44

انتاج الهيوملين (الأنسولين البشري) بالكلونة أو الهندسة الوراثية

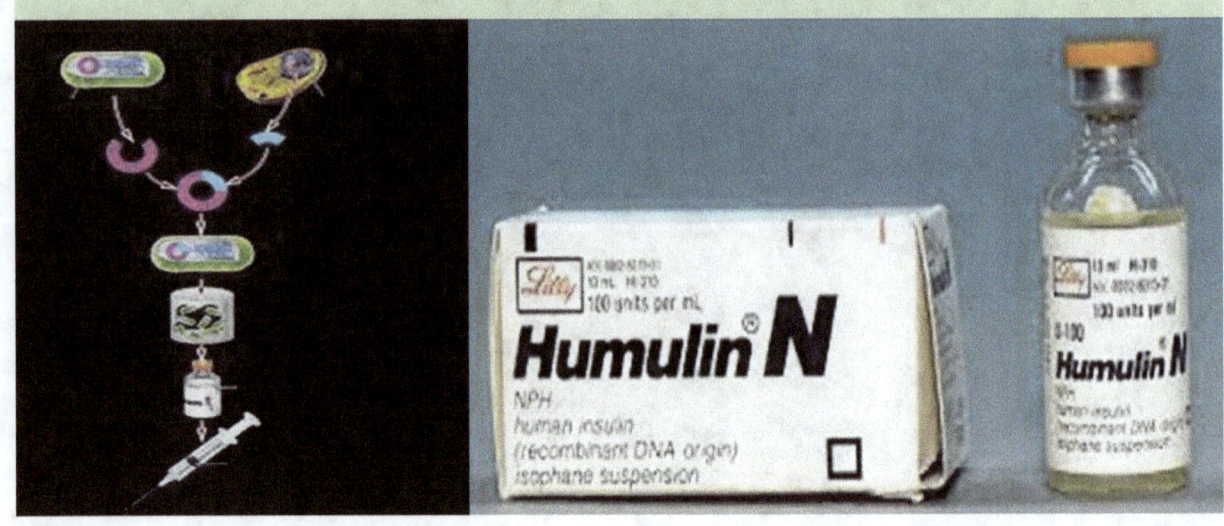

- 1983: ساعد اكتشاف فيروس نقص المناعة البشرية (الإيدز) بوصفه مرضا قاتلا، ساعد بشكل كبير على تحسين الأدوات المختلفة التي يستخدمها علماء الحياة للاكتشافات والتطبيقات في مختلف جوانب الحياة اليومية.

- 1983: طور كاري موليس تفاعل البلمرة المتسلسل (PCR)، والذي يسمح بتكرار قطعة من الحمض النووي مرارًا وتكرارًا، أصبح تفاعل البوليميراز المتسلسل، الذي يستخدم الحرارة والإنزيمات لعمل نسخ غير محدودة من الجينات وشظايا الجينات، لاحقًا أداة رئيسية في أبحاث التكنولوجيا الحيويّة وتطوير المنتجات في جميع أنحاء العالم.

كارل مولس وابتكاره لتقنية ال (PCR)

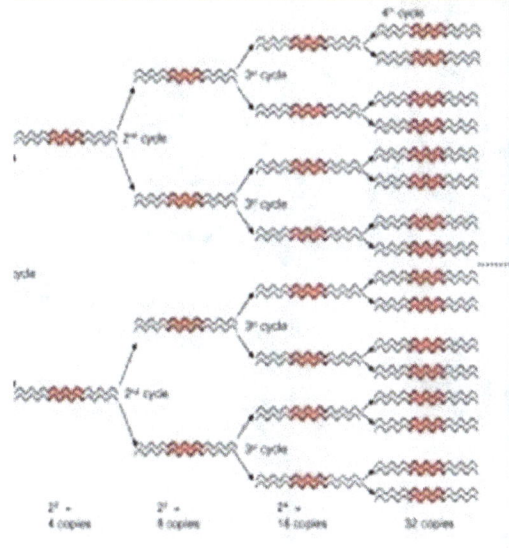 

1983: تم صنع أول كروموسوم صناعي.

• 1983: تم العثور على الواسمات الجينية الأولى لأمراض وراثية معينة.

• 1984: تم تطوير تقنية بصمة الحمض النووي.

• 1984: تم تطوير أول لقاح معدّل وراثيًا.

1986: تم تصنيع أول عقاقير مضادة للفيروسات مشتقة من التكنولوجيا الحيويّة لعلاج السرطان.

• 1986: شرح بيتر جي شولتز من جامعة كاليفورنيا في بيركلي كيفية اقتران الأجسام المضادة والإنزيمات (abzymes) (الإبزيمات) لخلق علاجات.

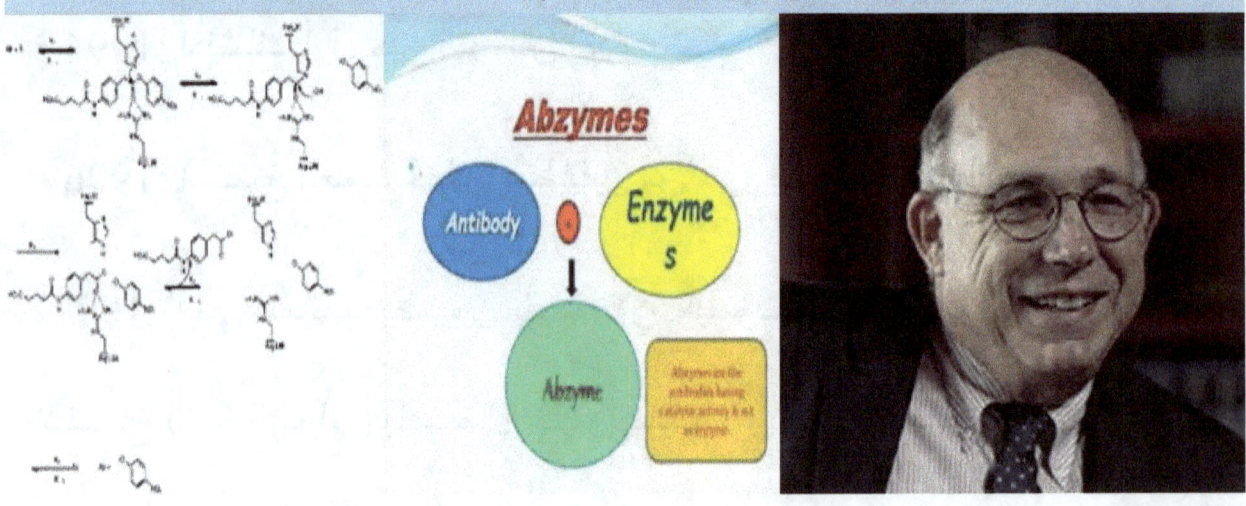

1986: شرح بيتر جي شولتز من جامعة كاليفورنيا بيركلي كيفية اقتران الأجسام المضادة والإنزيمات (الإبزيمات)(abzymes) لخلق علاجات

- 1988: الكونجرس يمول مشروع الجينوم البشري.

- 1988.: إنتاج أول ذرة مقاومة للآفات، ذرة Bt.

- 1989: استخدمت الكائنات الحية الدقيقة لتنظيف انسكاب نفط Exxon Valdez

8. التقانة الحيويّة في التسعينيات:

- 1990: تم إجراء أول علاج جيني تمت الموافقة عليه اتحاديًا بنجاح.

- 1992: تم توضيح بنية إنزيم الاستنساخ العكسي لفيروس الإيدز (HIV RT)

.1993: إعلان إدارة الغذاء والدواء أن الأطعمة المعدلة وراثيًا "ليست خطرة بطبيعتها".

• 1994: اكتشاف أول جين لسرطان الثدي

• 1996: استنسخ العلماء حملين متطابقين من خروف جنيني مبكر.

• 1997: أبلغ علماء بريطانيون بقيادة لان ويلموت من معهد روسلين عن إجراء استنساخ النعجة (دولي) باستعمال دنا من خليّتين من خروفين بالغين.

إستنساخ النعجة دولي في عام 1996

Dolly: The Cloning of a Sheep, 1996

• 1998: استنسخ العلماء ثلاثة أجيال من الفئران من نوى خلايا المبيض البالغة.

• 1998: استخدمت الخلايا الجذعية الجنينية لتجديد الأنسجة وخلق الاضطرابات التي تحاكي الأمراض.

• 1998: تم تأسيس معهد التكنولوجيا الحيويّة بواسطة BIO باعتباره منظمة تعليمية وطنية مستقلة.

• 1999: تم فك شفرة الشفرة الجينية للكروموسوم البشري.

9. التكنولوجيا الحيويّة 2000 – 2010:

• 2000: تم الانتهاء من مسودة أولية للجينوم البشري.

• 2000: الخنازير هي الحيوان التالي المستنسخ من قبل الباحثين للمساعدة في إنتاج أعضاء للزرع البشري.

• 2001: تم نشر تسلسل الجينوم البشري في مجلتي العلم Science والطبيعة Nature.

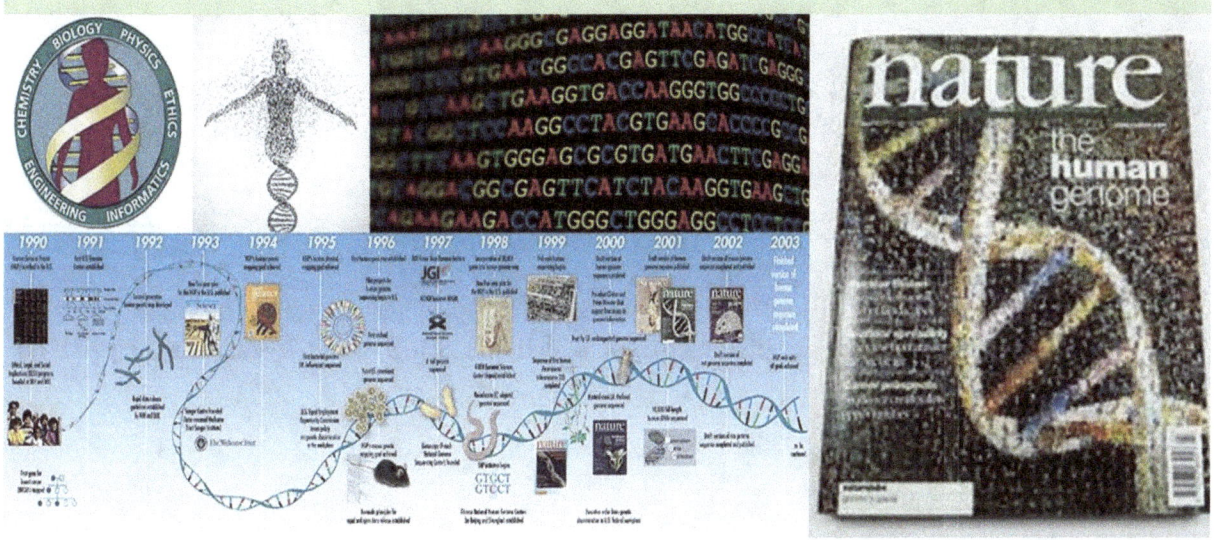

نشر تسلسل الجينوم البشري في مجلة الطبيعة 2001

- 2002: أكمل العلماء تسلسل مسبب المرض للأرز، وهو فطر يدمر ما يكفي من الأرز لإطعام 60 مليون شخص سنويًا.

- 2002: أصبح الأرز أوّل محصول زراعي تمّ حل شيفرته الجينومية.

- 2002: استنسخ البانتنج لأول مرة وهو نوع من البقريات يشبه الجواميس، وهو من الأنواع المهددة بالانقراض.

البانتنج نوع من البقريات يشبه الجواميس مهدد بالانقراض ، استنسخ لأول مرة عام 2002

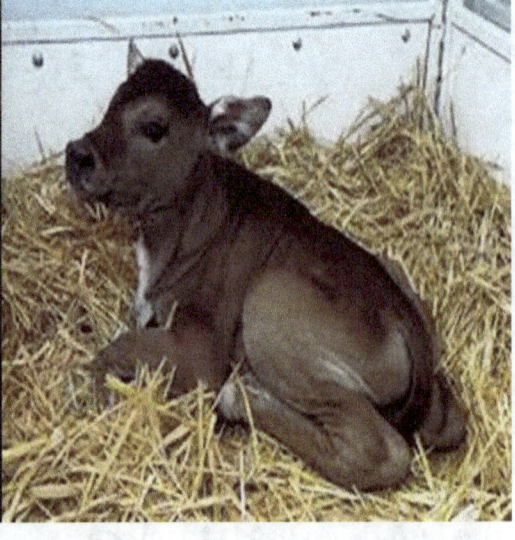

- 2003: اكتمل مشروع الجينوم البشري، وقدّم معلومات حول مواقع وتتالي الجينات البشرية على كامل الكروموسومات الـ 46

- 2004: وافقت إدارة الغذاء والدواء الأمريكية على أول دواء مضاد لتكوُّن الأوعية لعلاج السرطان، وهو Avastin®.

- 2005: تم تمرير قانون سياسة الطاقة وتوقيعه ليصبح قانونًا ، مما يسمح بالعديد من الحوافز لتطوير الإيثانول الحيوي.

•2006: وافقت إدارة الغذاء والدواء الأمريكية على لقاح جارداسيل المؤتلف، وهو أول لقاح تم تطويره ضد فيروس الورم الحليمي البشري (HPV)، وهو عدوى متورطة في سرطان عنق الرحم والحلق، وأول لقاح وقائي للسرطان.

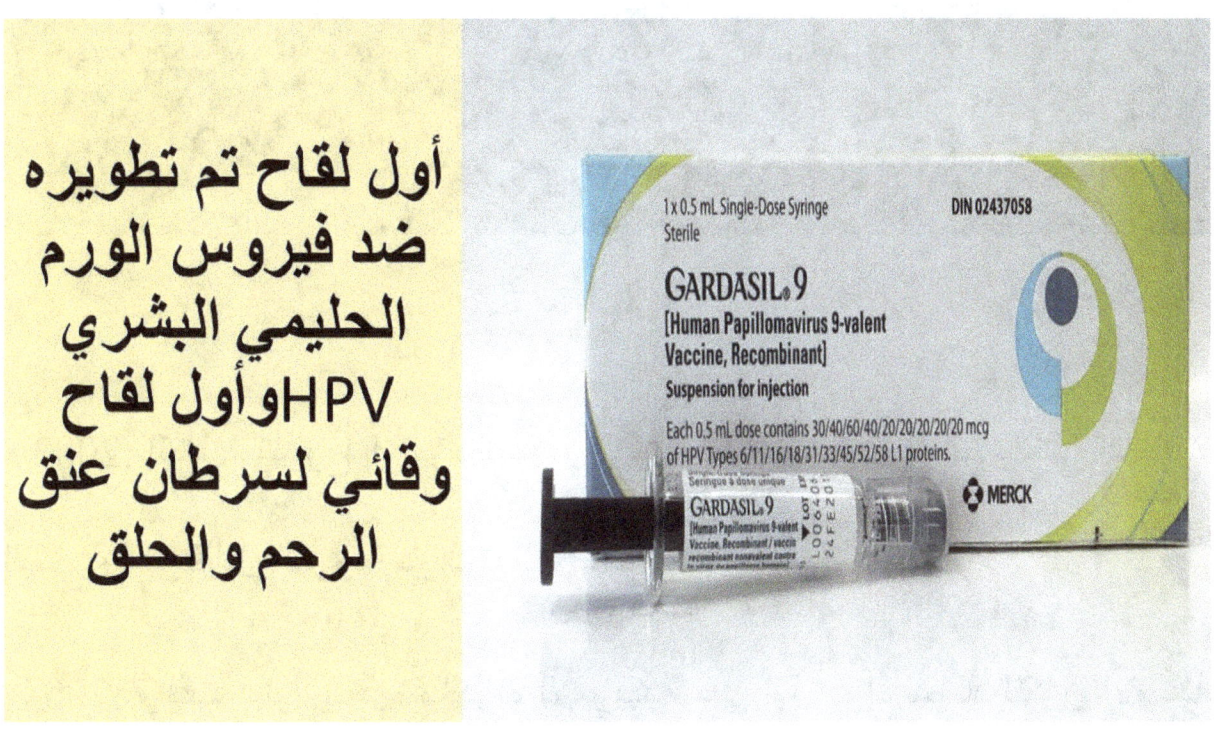

أول لقاح تم تطويره ضد فيروس الورم الحليمي البشري HPV وأول لقاح وقائي لسرطان عنق الرحم والحلق

•2006: وزارة الزراعة الأمريكية تمنح شركة Dow AgroSciences أول موافقة تنظيمية للقاح نباتي.

•2007: وافقت إدارة الغذاء والدواء الأمريكية على لقاح H5N1، وهو أول لقاح معتمد لأنفلونزا الطيور.

•2007: اكتشف العلماء كيفية استخدام خلايا الجلد البشرية لتكوين خلايا جذعية جنينية.

•2008: صنع الكيميائيون في اليابان أول جزيء DNA مصنوع بالكامل تقريبًا من أجزاء اصطناعية.

• 2008: أطلق باحثو فضاء يابانيون أوّل وحدة تجارب طبية سمّيت "كيبو Kibo" لاستعمالها في محطة الفضاء الدولية.

• 2009: استعمل معهد سيدارز سيناي للقلب جينات قلبية معدّلة من العقدة الجيبية الأذينية لابتكار أوّل ناظمة قلبية فيروسية في خنزير غينيا، وتعرف الآن بـiSAN .

• 2009: أنتج ساساكي وأوكانا قردًا معدلاً وراثيًا يتوهج باللون الأخضر في الضوء فوق البنفسجي (وينقل السمة إلى نسلهما).

•2009: وافقت إدارة الغذاء والدواء على أول حيوان معدّل وراثيًا لإنتاج شكل مؤتلف من مضاد الثرومبين البشري.

10. التكنولوجيا الحيويّة 2010 – 2020:

•2010: نجح Craig Venter في إثبات أن الجينوم الاصطناعي يمكنه التكاثر بشكل مستقل.

•2010: أعلن الدكتور ج. كريج فينتر عن اكتمال "الحياة الاصطناعية" عن طريق زرع جينوم اصطناعي قادر على التكاثر الذاتي في خلية بكتيرية متلقية.

•2011: القصبة الهوائية المستمدة من الخلايا الجذعية تم زرعها بنجاح في الإنسان المتلقي.

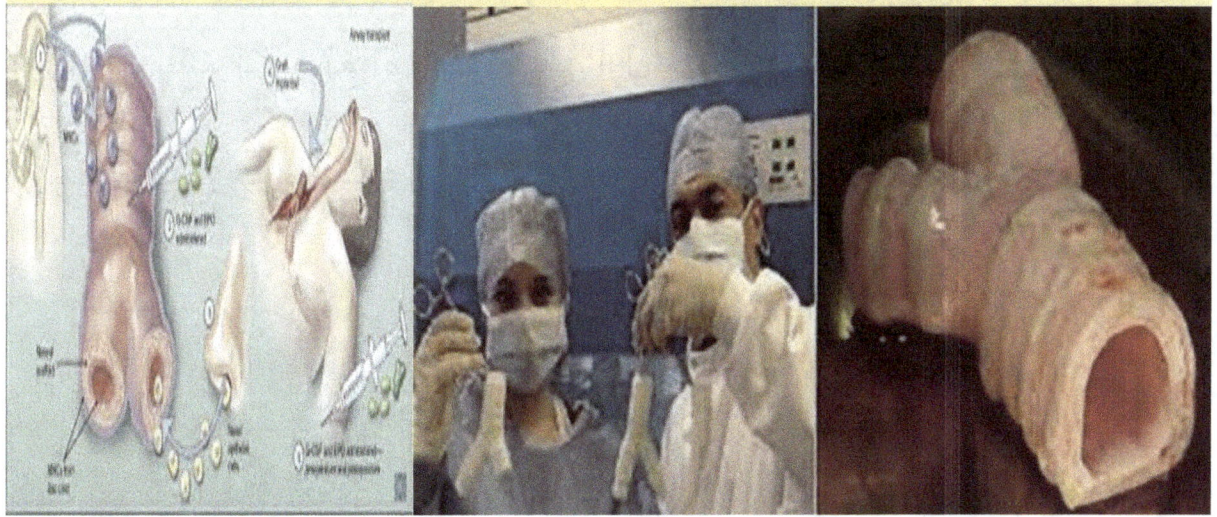

القصبة الهوائية المستمدة من الخلايا الجذعية تم زرعها بنجاح في الإنسان المتلقي

• 2012: استعمل زاك فاوتر ذو الإحدى والثلاثين عامًا من العمر بنجاح ساقًا آلية يُتحكم بها بالجهاز العصبي لتسلّق برج شيكاغو ويليز.

•2012: أعلن باحثون في جامعة واشنطن في سياتل عن التسلسل الناجح لجينوم كامل للجنين باستخدام لا شيء سوى قصاصات من الحمض النووي تطفو في دم أمه.

•2013: أعلن فريقان بحثيان عن طريقة جديدة سريعة ودقيقة لتحرير مقتطفات من الشفرة الجينية، يستفيد ما يسمى بنظام CRISPR من استراتيجية الدفاع التي تستخدمها البكتيريا.

•2013: أعلن الأطباء أن طفلًا مولودًا مصابًا بفيروس نقص المناعة البشرية قد شُفي من المرض.

•2014: أظهر الباحثون أن الدم المأخوذ من فأر صغير يمكن أن يجدد عضلات ودماغ فأر عجوز.

•2014: اكتشف الباحثون كيفية تحويل الخلايا الجذعية البشرية إلى خلايا بنكرياسية وظيفية ـ وهي نفس الخلايا التي يتم تدميرها بواسطة جهاز المناعة الخاص بالجسم في مرضى السكري من النوع 1.

•2015: طور باحثون في السويد اختبار دم يمكنه اكتشاف السرطان في مرحلة مبكرة من قطرة دم واحدة.

•2015: اكتشف العلماء مضادًا حيويًا جديدًا، وهو الأول منذ ما يقرب من 30 عامًا، والذي قد يمهد الطريق لجيل جديد من المضادات الحيويّة ويحارب مقاومة الأدوية المتزايدة، يمكن للمضاد الحيوي تيكسوباكتين علاج العديد من الالتهابات البكتيرية الشائعة، مثل السل وتسمم الدم وداء المطثية العسيرة.

•2016: الخلايا الجذعية المحقونة في مرضى السكتة الدماغية تعيد تمكين المريض من المشي.

•2017: قال العلماء في معهد سالك في لا جولا كاليفورنيا، إنهم اقتربوا خطوة واحدة من القدرة على زراعة الأعضاء البشرية داخل الخنازير، وفي أحدث أبحاثهم تمكنوا من زراعة خلايا بشرية داخل أجنة الخنازير، وهي خطوة صغيرة ولكنها واعدة نحو نمو الأعضاء.

•2017: الخطوة الأولى نحو القطن المعدل وراثيًا.

•2017: يكشف البحث عن جوانب مختلفة من إزالة ميثيل الحمض النووي المتضمنة في عملية نضج الطماطم.

إزالة ميثيل الحمض النووي المتضمنة في عملية نضج الطماطم.

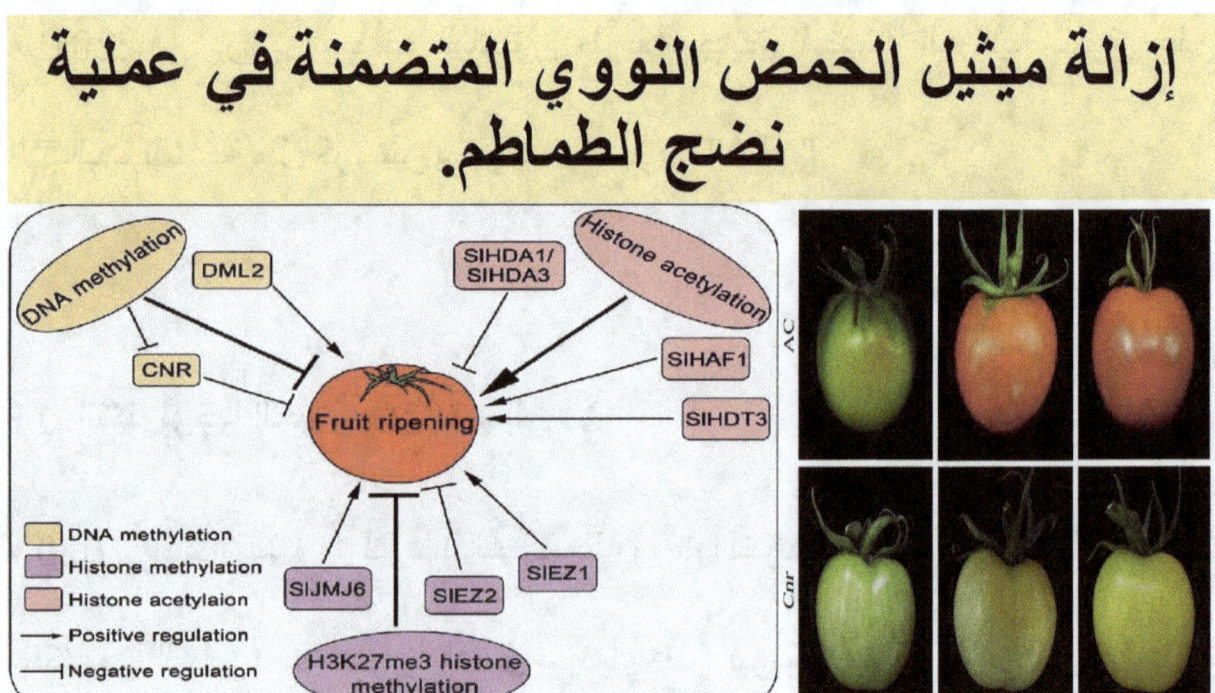

•2017: يوفر تسلسل جينوم الطحالب الخضراء مخططًا للنهوض بالطاقة النظيفة والمنتجات الحيوية.

•2017: قام باحثون في أكاديمية Sahlgrenska - وهي جزء من جامعة جوتنبرج بالسويد ـ بتوليد أنسجة غضروفية عن طريق طباعة الخلايا الجذعية باستخدام طابعة بيولوجية ثلاثية الأبعاد.

•2017: تحقيق اتصال ثنائي الاتجاه في واجهة بين الدماغ والآلة لأول مرة.

•2019: أعلن العلماء ـ لأول مرة ـ عن استخدام تقنية كريسبر لتعديل الجينات البشرية لعلاج مرضى السرطان الذين لم تنجح معهم العلاجات القياسية.

•2019: في دراسة وصف الباحثون طريقة جديدة للهندسة الوراثية تتفوق على الأساليب السابقة مثل كريسبر يسمونها "التحرير الأولي".

11. التكنولوجيا الحيويّة 2020 - إلى الآن:

• 2020: أفاد العلماء أن لديهم نباتات معدلة وراثيًا لتتوهج بشكل أكثر إشراقًا مما كان ممكنًا في السابق؛ عن طريق إدخال جينات فطر نيونوثوبانوس نامبي ذي الإضاءة الحيوية يكون التوهج مستدامًا ذاتيًا، ويعمل عن طريق تحويل حمض الكافيين في النباتات إلى لوسيفيرين، وعلى عكس جينات التلألؤ البيولوجي البكتيرية المستخدمة سابقًا، فإن له ناتجًا ضوئيًا مرتفعًا يمكن رؤيته بالعين المجرّدة.

نباتات معدلة وراثيًا أكثر توهجا بسبب إدخال جينات فطر نيونوثوبانوس نامبي

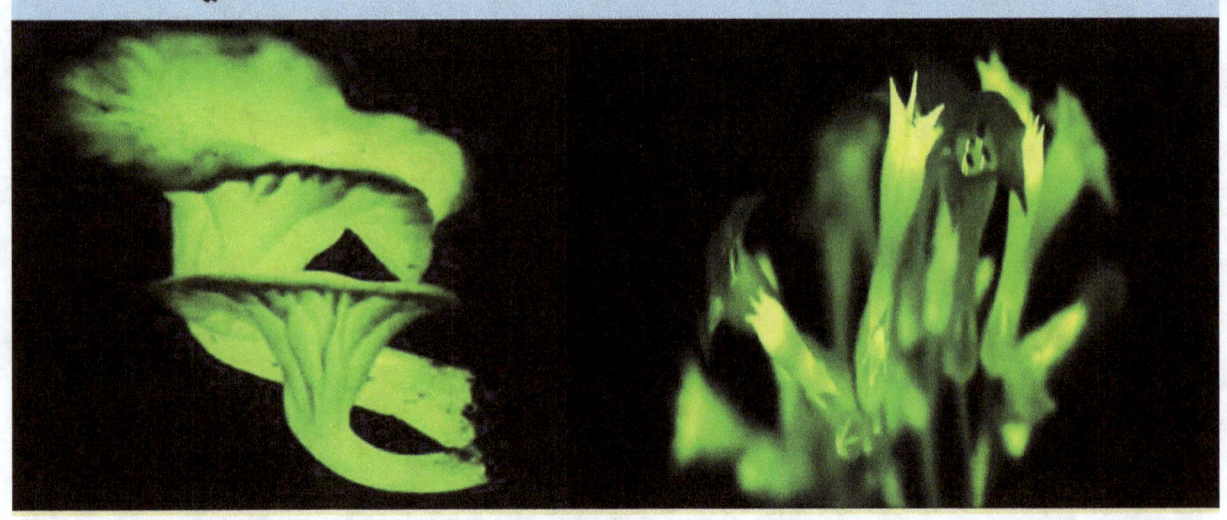

• 2020: أفاد الباحثون أنهم نجحوا في استخدام نوع معدّل وراثيًا من *R. sulfidophilum* لإنتاج spidroins ، البروتينات الرئيسية في حرير العنكبوت.

الخلايا الميكروبية الضوئية البحرية .Rhodovulum sulfidophilum مصنع لإنتاج حرير العنكبوت spidroins

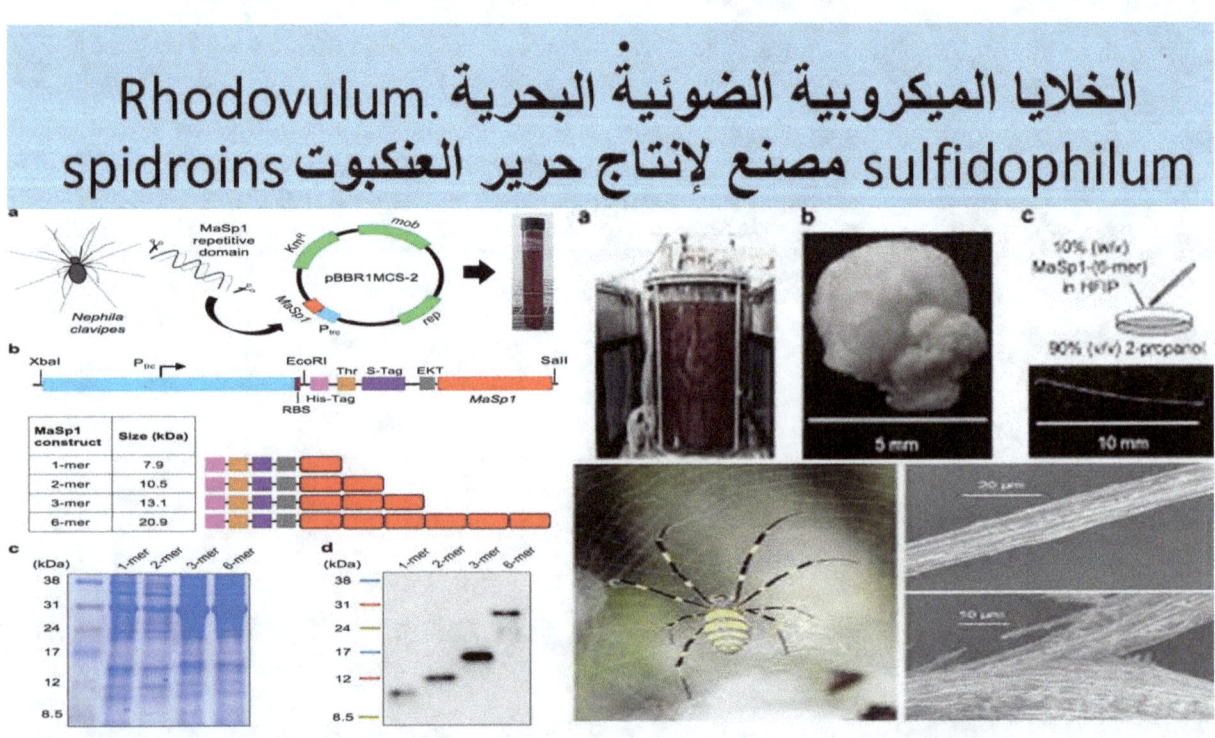

•2020:أبلغ علماء التكنولوجيا الحيويّة عن التنقية المعدلة وراثيًا والوصف الميكانيكي للإنزيمات التآزرية PETase - التي تم اكتشافها لأول مرة في عام 2016، و MHETase - من *Ideonella sakaiensis* لإزالة البلمرة بشكل أسرع من PET وأيضًا من PEF ، والتي قد تكون مفيدة لإزالة التلوث وإعادة التدوير، وإعادة رسكلة البلاستيك المختلط بالتوازي مع طرق أخرى.

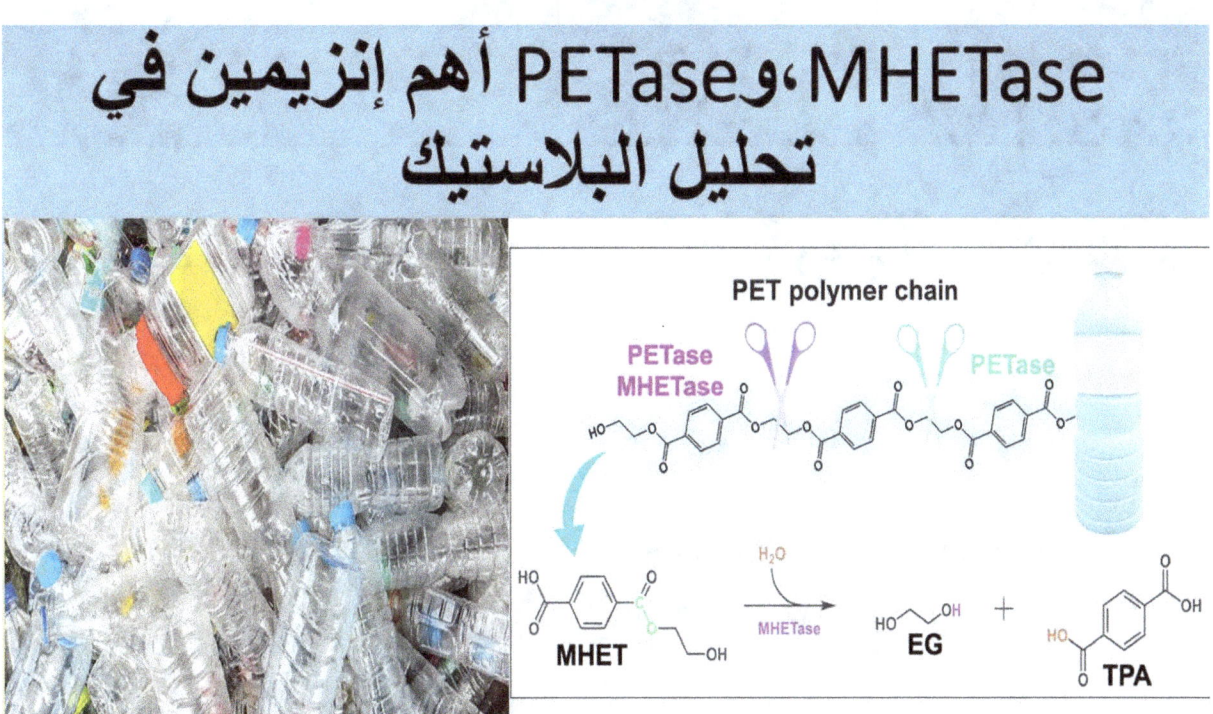

MHETase،وPETase أهم إنزيمين في تحليل البلاستيك

•2020: تم الإبلاغ عن تطوير تقنية حيوية للمفاعلات الميكروبية القادرة على إنتاج الأكسجين وكذلك الهيدروجين.

•2021: قدم الباحثون طريقة الطباعة الحيويّة bioprinting لإنتاج اللحوم التي تشبه شرائح اللحم، وتتألف من ثلاثة أنواع من ألياف خلايا الأبقار.

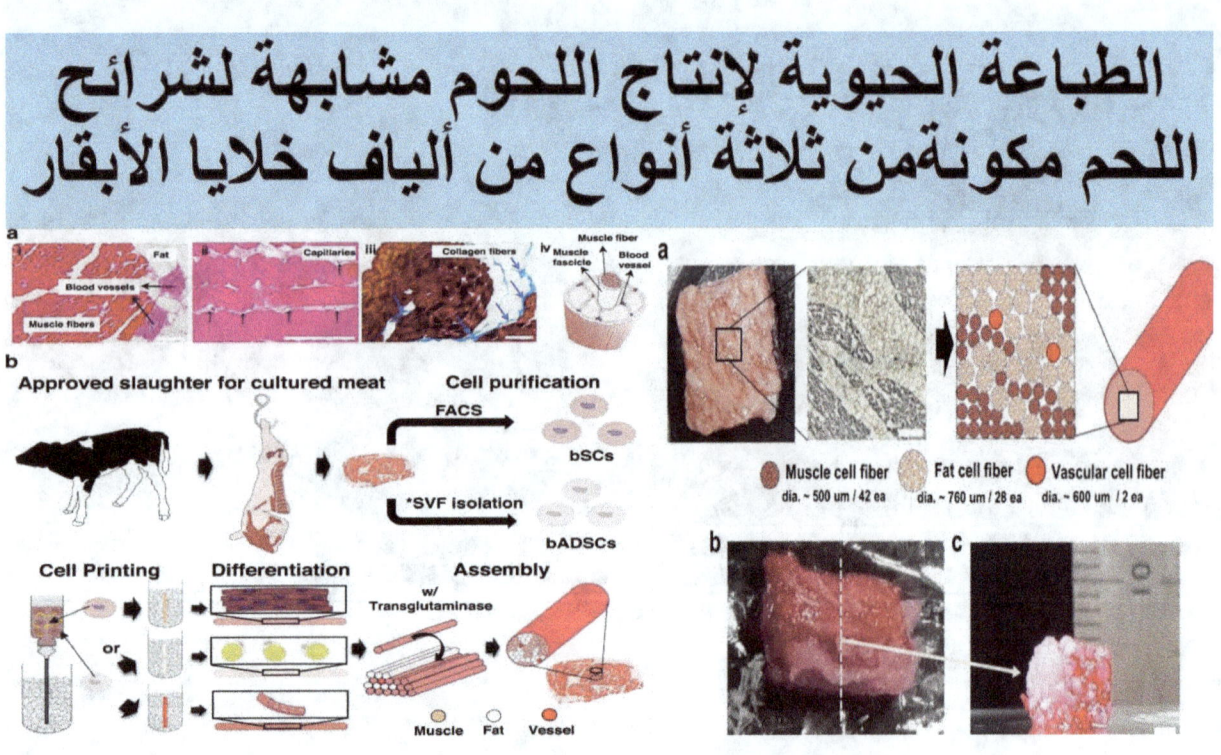

•2021: الإعلان عن علاج يعتمد على الخلايا الجذعية لمرض السكري من النوع الأول.

• 2021: تم الإبلاغ عن لقاح الملاريا بنسبة 77٪ من الفعالية بعد عام واحد - وأول من يحقق هدف منظمة الصحة العالمية المتمثل في فعالية 75٪ - تم الإبلاغ عنه من قبل جامعة أكسفورد.

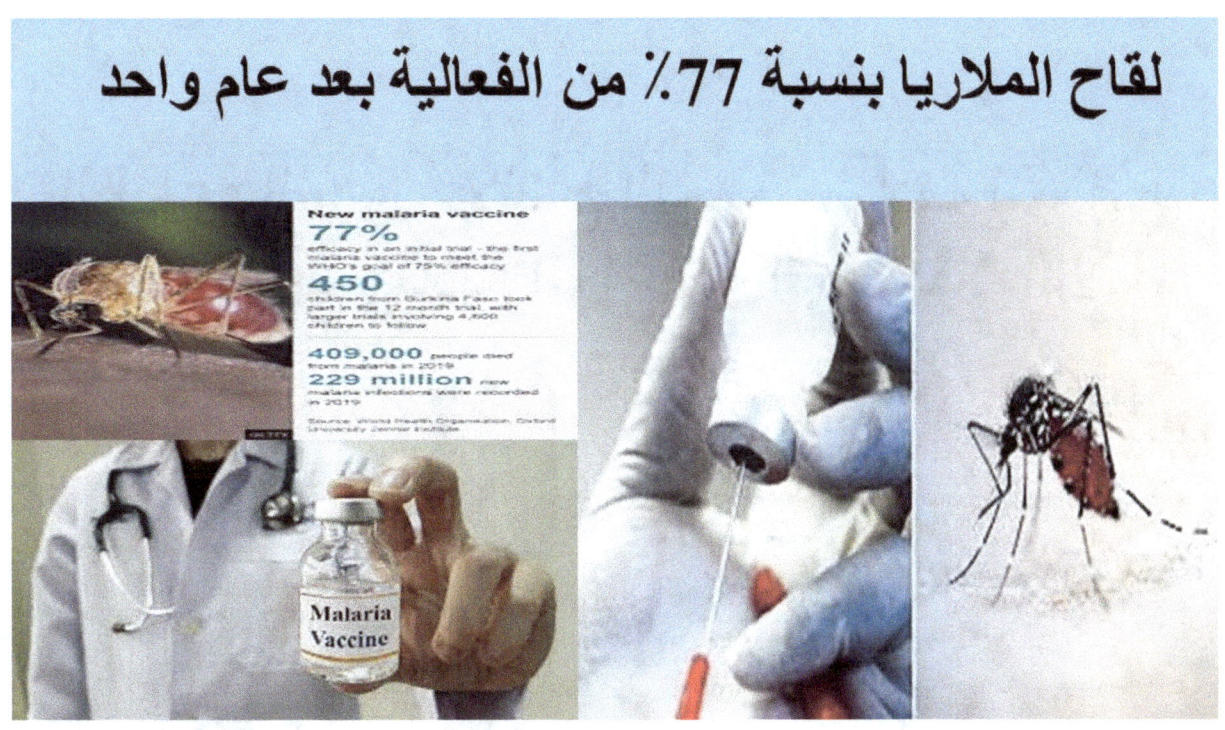

• 2021: أبلغ الباحثون عن تطوير علكة يمكن أن تخفف من انتشار COVID-19. المكونات - بروتينات CTB-ACE2 المزروعة عبر النباتات - ترتبط بالفيروس

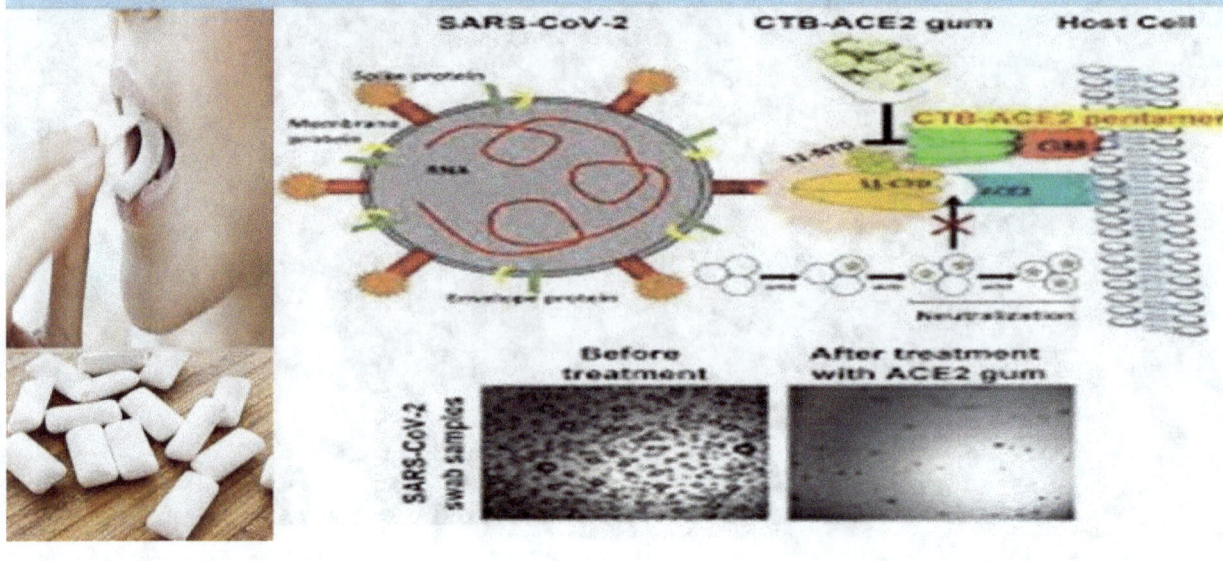

علكة تخفف من انتشار COVID-19. المكونات ـ بروتينات CTB-ACE2 المزروعة عبر النباتات ـ ترتبط بالفيروس

- 2022: أبلغ العلماء عن تطوير أجهزة استشعار لجمع وتحديد الحمض النووي للحيوانات من الهواء (eDNA) المحمولة جواً.

- 2022: تم الإبلاغ عن أول عملية زرع قلب ناجحة، من خنزير معدل وراثيًا إلى مريض بشري.

2022أول عملية زرع قلب ناجحة ، من خنزير معدل وراثيًا إلى مريض بشري

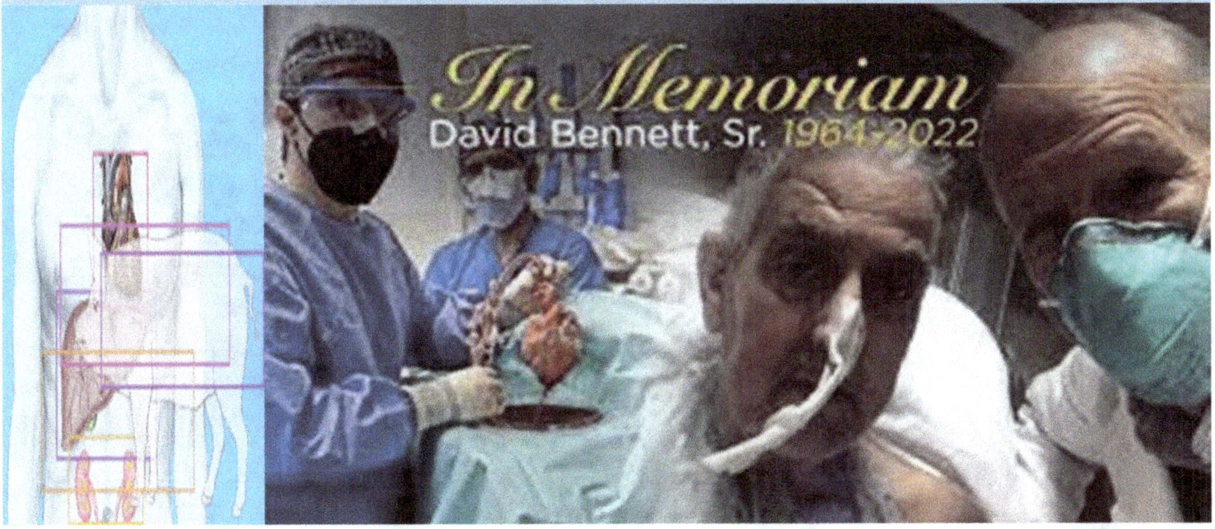

- 2022: تم الإبلاغ عن علاج جديد يسمى CINDELA من قبل العلماء في كوريا الجنوبية، والذي يستخدم CRISPR-Cas9 لقتل الخلايا السرطانية دون الإضرار بالأنسجة الطبيعية.

- 2022: أفاد الباحثون بتطوير أقطاب نانو "ناطحة سحاب" مطبوعة بتقنية ثلاثية الأبعاد ("3D-printed nano-"skyscraper) تحتوي على البكتيريا الزرقاء لاستخراج طاقة حيوية أكثر استدامة من عملية التمثيل الضوئي أكثر من ذي قبل.

- 2022: تم الإبلاغ عن أول نجاح لتجربة إكلينيكية لعملية زرع ثلاثية الأبعاد مطبوعة بيولوجيًا، وهي أذن خارجية لعلاج صيوان الأذن، مصنوعة من خلايا المريض نفسه

أول عملية زرع ناجحة للأذن البشرية تمت بالطباعة الحيوية ثلاثية الأبعاد 2022

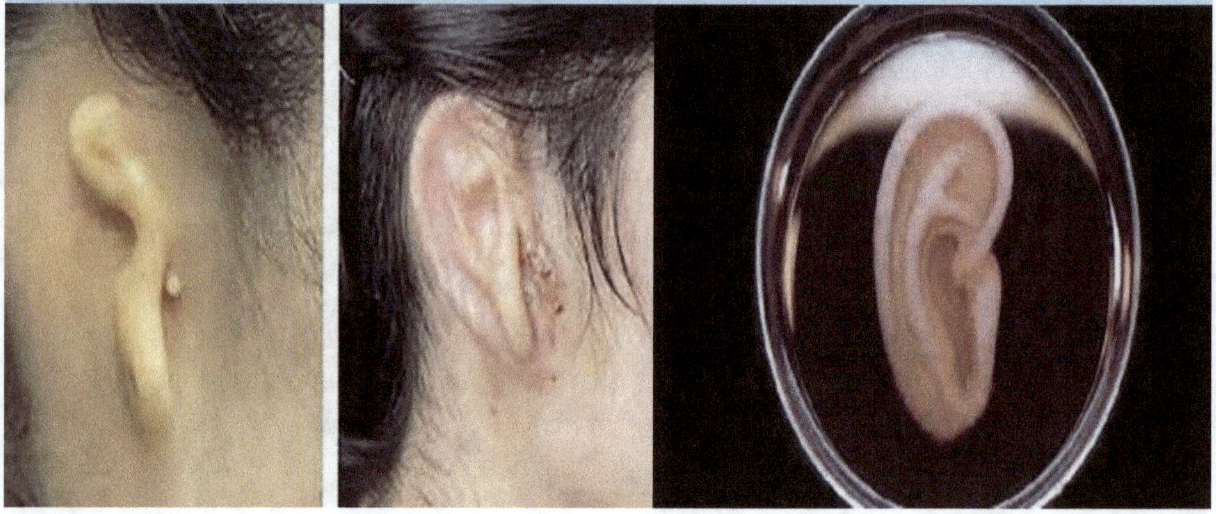

•2022: قدم الباحثون مفهوم النيكروبوتيك (necrobotics) ويظهرونه من خلال إعادة وضع العناكب الميتة كقابض آلي؛ من خلال تنشيط أذرعهم الممسكة عن طريق تطبيق هواء مضغوط.

•2022: أظهر التعديل الجيني المتعدد لفول الصويا تحسن التمثيل الضوئي وزيادة الغلة بنسبة 20%.

تعديل جيني متعدد لفول الصويا حسن التمثيل الضوئي وزيادة الغلة

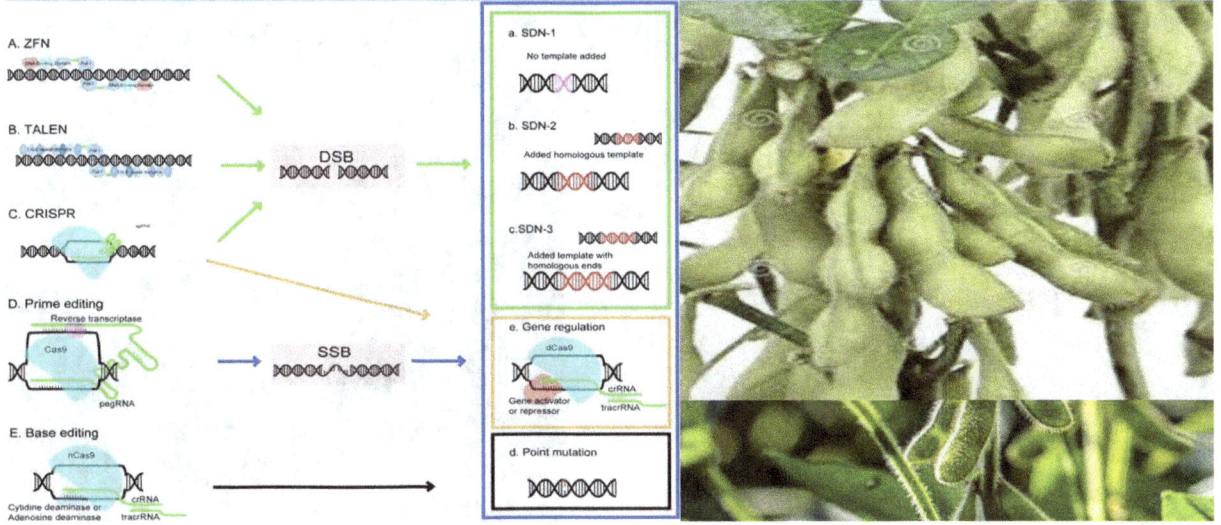

اليوم، تُستخدم التكنولوجيا الحيويّة في مجالات لا حصر لها بما في ذلك الزراعة والمعالجة الحيويّة والطب الشرعي، حيث تعد بصمة الحمض النووي ممارسة شائعة، كما تستخدم الصناعة والطب على حد سواء تقنيات PCR والمقايسات المناعية والحمض النووي المؤتلف.

كان التلاعب الجيني هو السبب الرئيسي في أن علم الأحياء يُنظر إليه الآن على أنه علم المستقبل والتكنولوجيا الحيويّة كواحدة من الصناعات الرائدة.

الباب الثاني: مستقبل البيوتكنولوجيا

التوجهات والابتكارات المستقبلية للبيوتكنولوجيا

1. مقدِّمة:

تعد التكنولوجيا الحيويّة واحدة من أكثر القطاعات ديناميكية وابتكارًا في العالم، حيث تعمل التطورات العلمية والتكنولوجية على تحويل قطاعات الرعاية الصحية والزراعة والطاقة والاستدامة البيئية.

بالنظر إلى ذلك من وجهة نظر عالمية، تُظهر بيانات من تقارير الرؤية البحثية Vision Research Reports أنه من المتوقع أن يتجاوز سوق التكنولوجيا الحيويّة الدولي 3.44 تريليون دولار في عام 2030، مدفوعًا بالتطور السريع واعتماد التقنيات والمنتجات والخدمات الجديدة التي تعالج التحديات والفرص الرئيسية في جميع أنحاء العالم.

الآن أكثر من أي وقت مضى، أصبحت شركات التكنولوجيا الحيويّة مواكبة لأحدث التطورات لتلبية احتياجات جمهورها ومتطلباته المتغيرة باستمرار، وفي هذا الباب سنستكشف بعضًا من أهم اتجاهات وابتكارات صناعة التكنولوجيا الحيويّة التي تشكل المستقبل.

1. تكنولوجيا الخلايا الجذعية (Stem cell technology)

الخلايا الجذعية هي خلايا غير متمايزة يمكنها تجديد الأنسجة والأعضاء التالفة، مما يجعلها أداة قيمة في الطب التجديدي، تكنولوجيا الخلايا الجذعية لها العديد من التطبيقات المحتملة الأخرى، مثل علاج أمراض مثل باركنسون والزهايمر، واختبار الأدوية، ونمذجة الأمراض، يمكن لتكنولوجيا الخلايا الجذعية أيضا أن تساعد في تعزيز فهم التنمية البشرية وآليات المرض.

من الآن فصاعدًا، يمكننا أن نتوقع رؤية المزيد من الأبحاث حول تكنولوجيا الخلايا الجذعية والعلاجات، لا سيما مع وصول حجم السوق العالمي إلى 13266.8 مليون دولار في عام 2022 وتوقع معدل نمو سنوي مركب نسبته 9.74٪ من عام 2023 إلى عام 2030.

مصادر الخلايا الجذعية البشرية

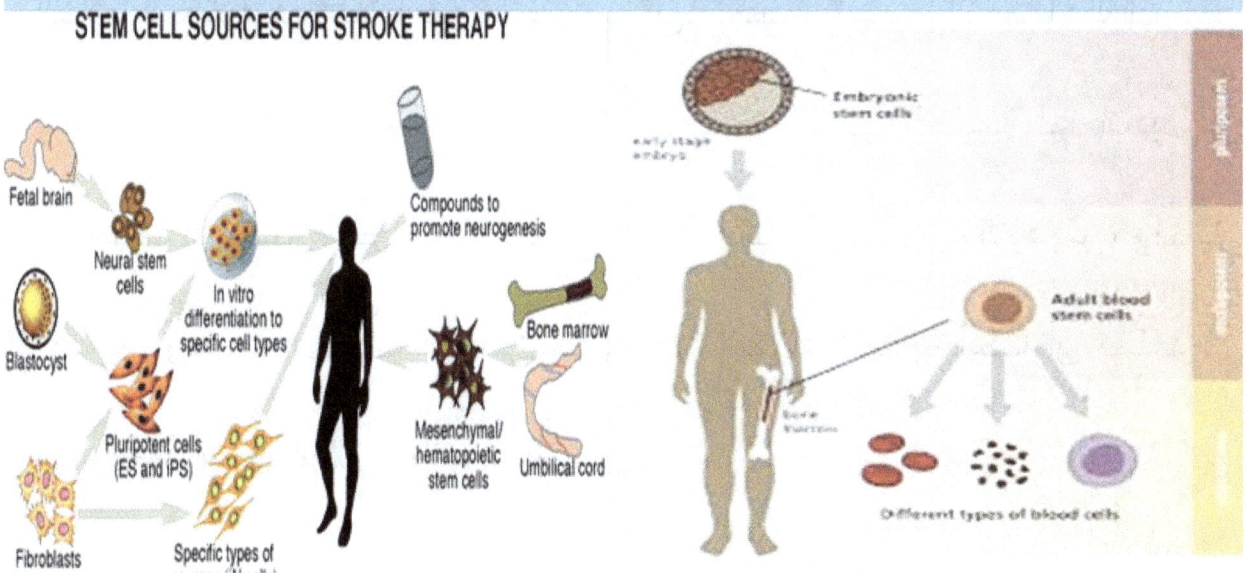

تطبيقات الخلايا الجذعية البشرية

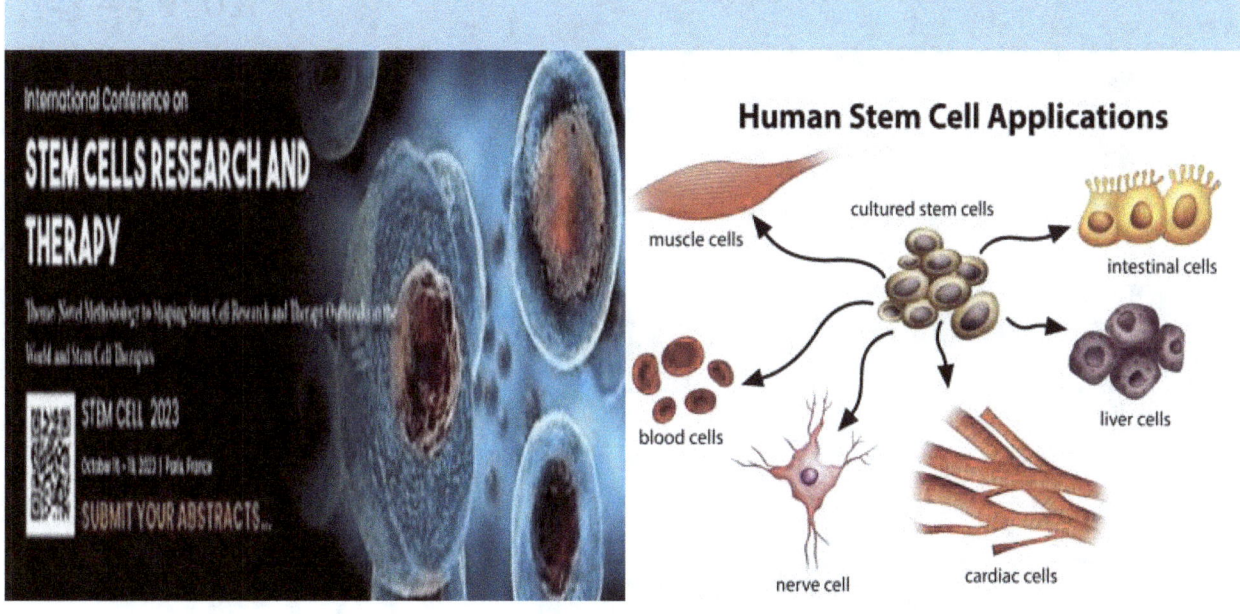

2.هندسة الأنسجة (Tissue Engineering)

نمت الشركات الناشئة في مجال هندسة الأنسجة بشكل حاد من حيث العدد في السنوات الأخيرة، ويرجع الفضل في ذلك إلى حد كبير إلى التطورات في الطباعة الحيويّة والموائع الدقيقة، وهو يُمكِّن من إنشاء طعوم نسيجية ذاتية لعلاج الحروق أو زرع الأعضاء، فضلاً عن الطب التجديدي. تقتصر الشركات الناشئة تقليديا على التطبيقات الطبية الحيويّة، وهي تعمل على هندسة الأنسجة لخلق بدائل مستدامة للمنتجات الحيوانية مثل اللحوم أو الجلود، ومع ذلك، يجب أن يصل هذا إلى نطاق هائل بالنسبة للمنتجات الغذائية حتى تكون التكلفة مقارنة بالمنتجات القائمة على الحيوانات.

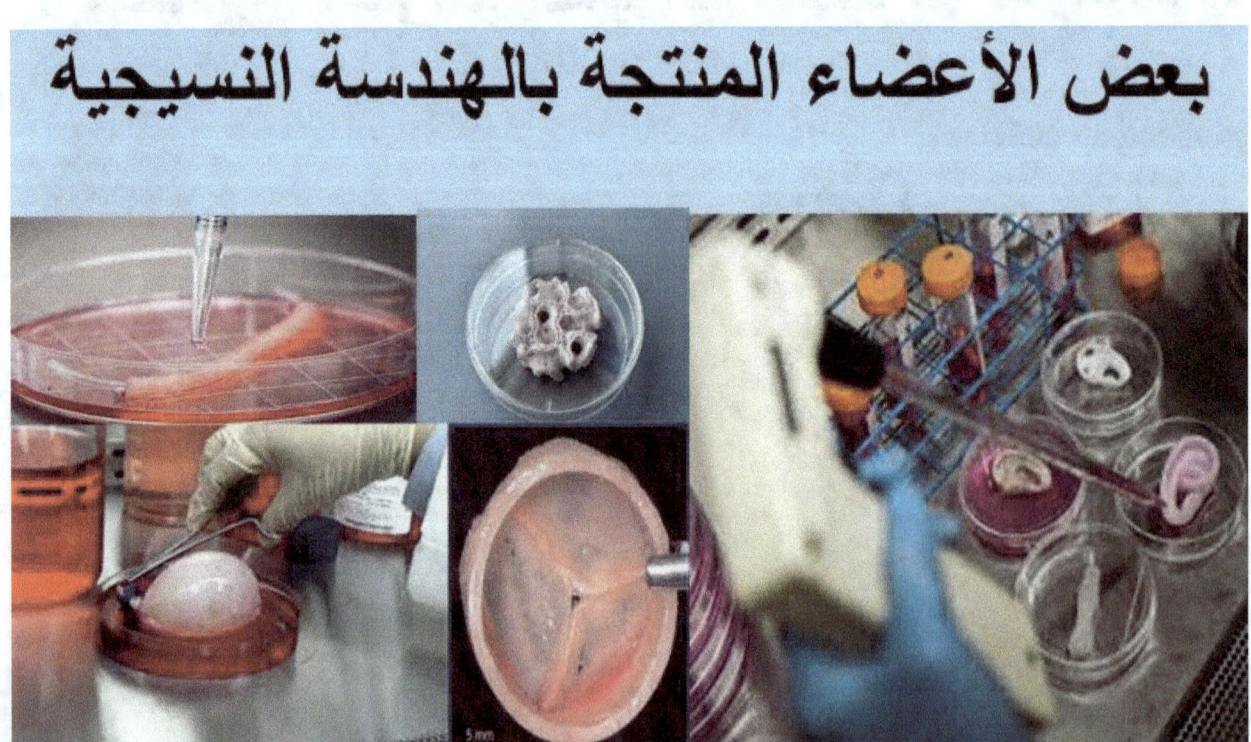

بعض الأعضاء المنتجة بالهندسة النسيجية

71

2. الطباعة الحيويّة (Bioprinting)

التكنولوجيا الجديدة نسبيًا هي عملية تصنيع مضافة مثل الطباعة ثلاثية الأبعاد، الفرق الوحيد هو أن الطابعات الحيويّة تطبع بالخلايا أو المواد الحيويّة وذلك لإنشاء هياكل تشبه الأعضاء المفيدة لصناعة الرعاية الصحية.

تفيد الإمكانات الهائلة لهذا الاتجاه العديد من الصناعات بما في ذلك اكتشاف الأدوية والطب التجديدي والشخصي، ونظرًا لأن المزيد من الباحثين يقيسون أحدث تقنيات الطباعة الحيويّة، فإن التطورات ستحدث بالتأكيد في السنوات القادمة.

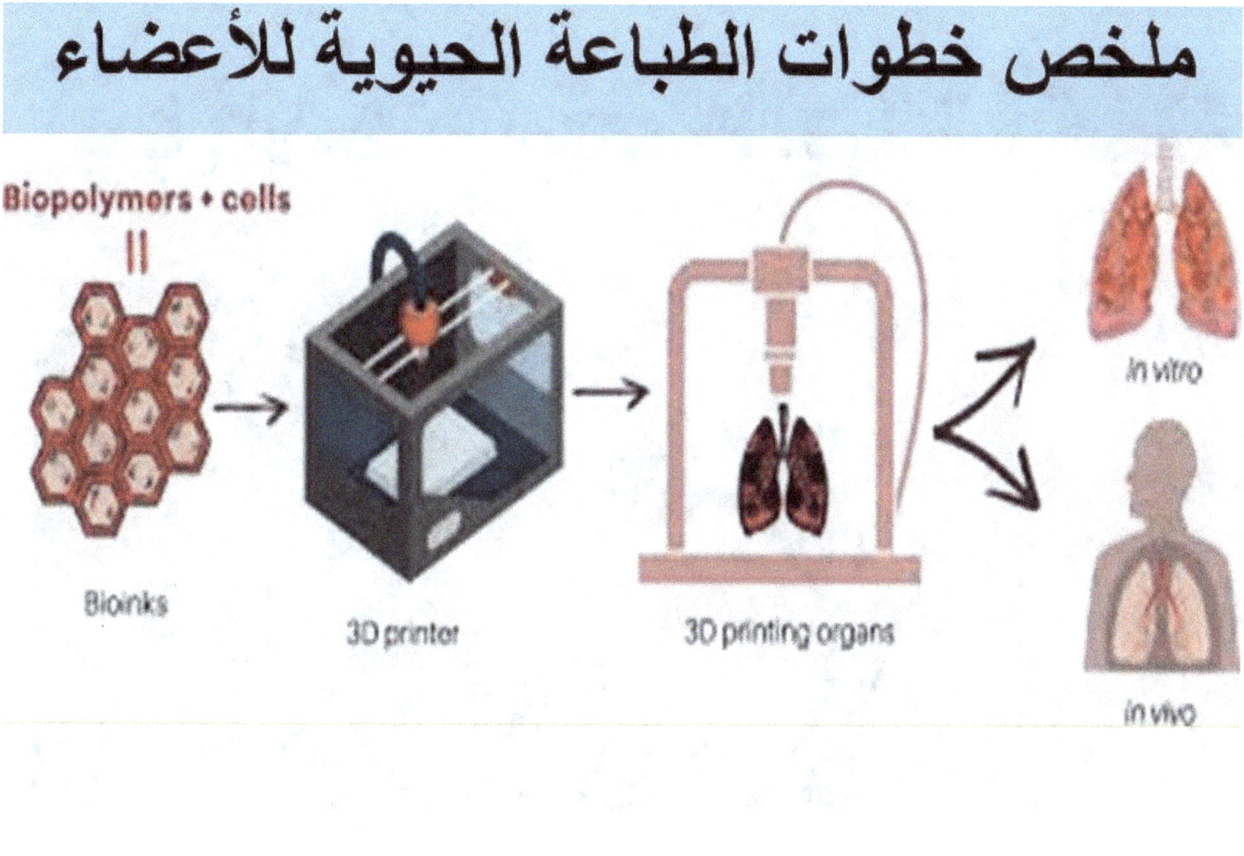

ملخص خطوات الطباعة الحيوية للأعضاء

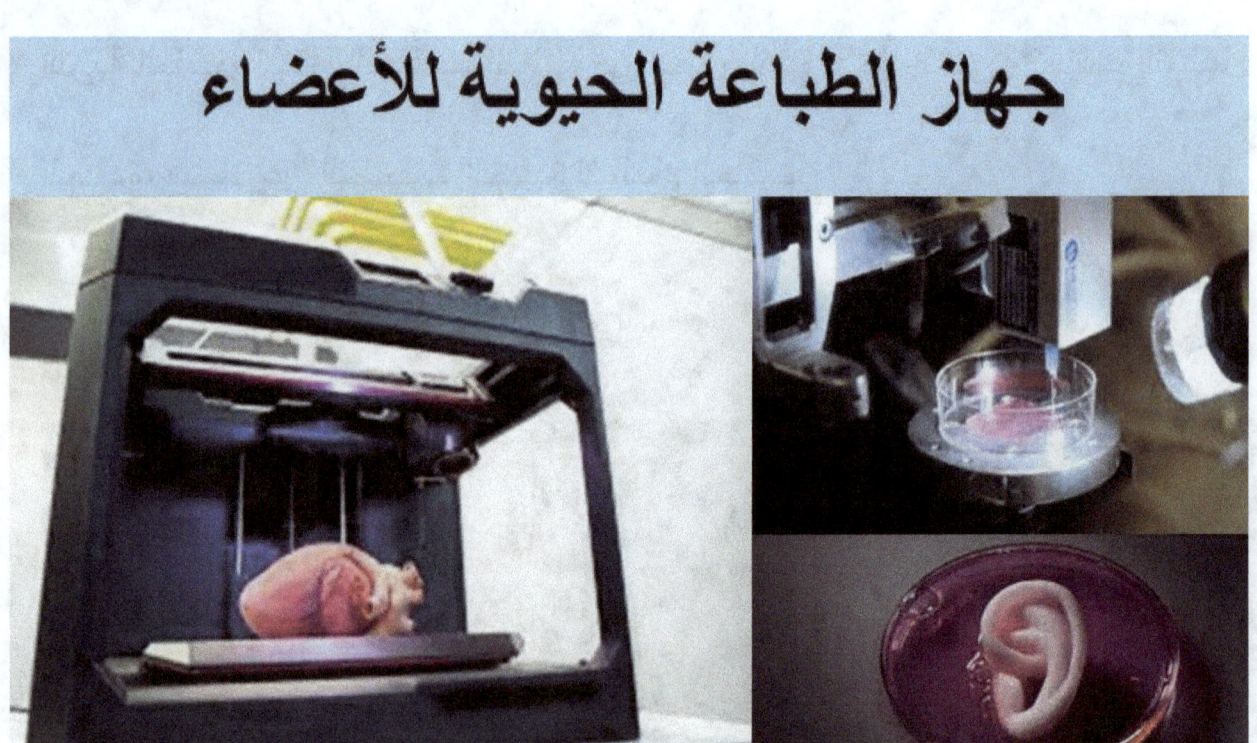

جهاز الطباعة الحيوية للأعضاء

4. التسلسل الجيني (Gene Sequencing)

انخفضت تكاليف تسلسل الحمض النووي بمقدار 5 مرات من حيث الحجم منذ أوائل العقد الأول من القرن الحادي والعشرين، مما أدى إلى فتح مجموعة واسعة من التطبيقات في الصناعة. تسمح التكلفة المنخفضة لتسلسل الجينوم الكامل بتحديد اضطرابات الأطفال، والعلاجات الشخصية، وتكوين مجموعات كبيرة ذات أنماط ظاهرية واسعة النطاق.

يقدم التسلسل أيضًا طريقة سريعة وغير مكلفة للكشف عن وجود الميكروبات، بدءًا من اكتشاف مسببات الأمراض في العينات السريرية وعينات الألبان إلى ميكروبات

73

التربة المفيدة، تبتكر الشركات الناشئة في مجال التكنولوجيا الحيويّة تقنيات التسلسل الجديدة، فضلاً عن التطبيقات الجديدة لتسلسل الجينات.

5. تحرير الجينات (Gene Editing)

يُعرف تحرير الجينات أيضًا باسم تحرير الجينوم، وهو تقنية تمكن العلماء من إجراء تعديلات دقيقة في تسلسل الحمض النووي للكائنات الحية، مثل النباتات والحيوانات والبكتيريا، ومن خلال تغيير الحمض النووي يمكن لهذه التكنولوجيا تعديل السمات الجسدية ومخاطر الأمراض للكائنات الحية.

تحرير الجينات
(Gene Editing)

يُعرف أيضًا باسم تحرير الجينوم ، وهو تقنية تمكن العلماء من إجراء تعديلات دقيقة في تسلسل الحمض النووي للكائنات الحية. من خلال تغيير الحمض النووي ، يمكن لهذه التقنية تعديل السمات الجسدية ومخاطر الأمراض للكائنات الحية.

يستخدم التحرير الجيني إنزيمات خاصة تسمى نوكلياز لقطع الحمض النووي في مواقع محددة. تعد CRISPR-Cas9 واحدة من أقوى أدوات تحرير الجينات وأكثرها استخدامًا، والتي يمكنها استهداف أي تسلسل DNA بدقة وكفاءة عالية مما يجعل تحرير الجينات أسهل وأسرع.

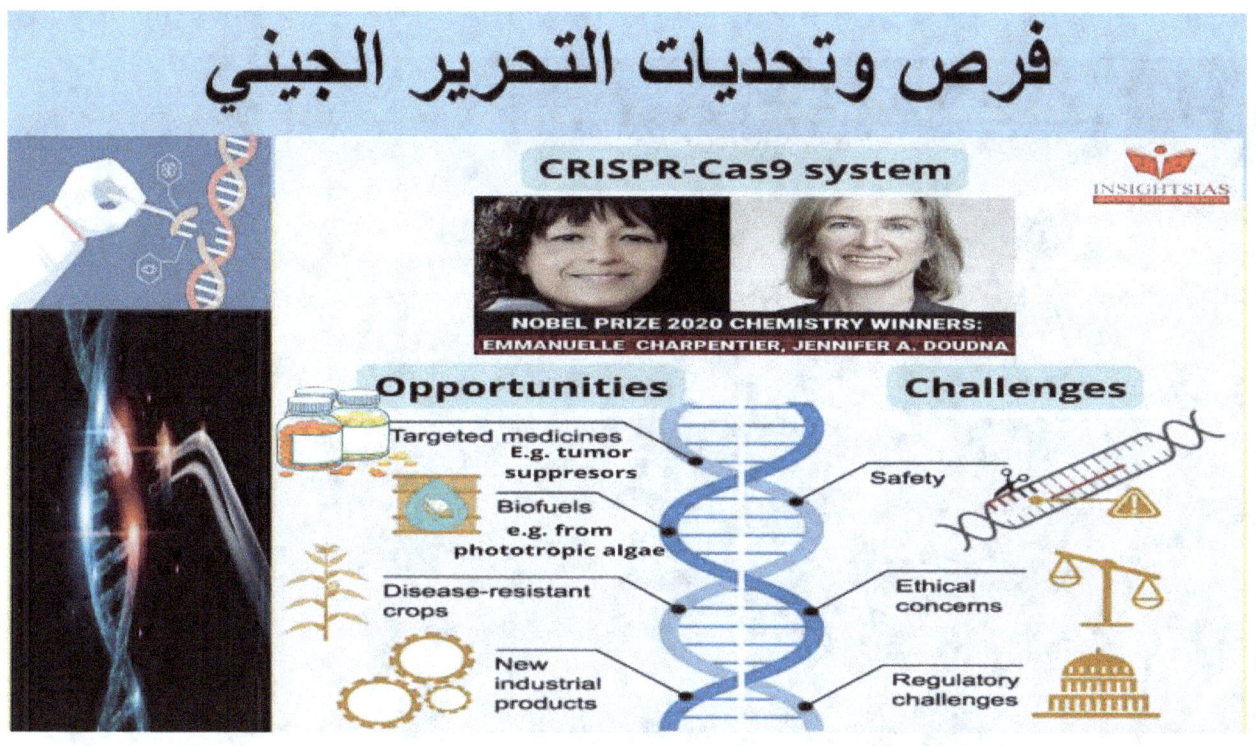

تعمل هذه التقنية في التكنولوجيا الحيويّة على إدراج، أو إزالة، أو تغيير، أو استبدال أجزاء معينة من الحمض النووي الموجود لدى الشخص لعلاج الأمراض، يستكشف العلماء طرقًا لتعديل أجزاء من الحمض النووي في نقاط محددة على طول الجين، والهدف من تعديل الجينات هو تغيير الجين الموجود وتصحيح الطفرات حيثما تحدث، كريسبر هو أكثر أنواع التحرير شيوعًا.

مع هذا الابتكار، يمكن للعلماء الآن تعديل الجينات أو استبدال الجينات المعيبة بأخرى صحية لعلاج أو منع مرض أو حالة طبية.

76

وفقًا لتقرير Grand View Research، بلغت قيمة السوق العالمية لتحرير الجينات 3.7 مليار دولار في عام 2020 ومن المتوقع أن تزداد بمعدل نمو سنوي مركب (CAGR) يبلغ 22.9٪ من 2021 إلى 2028.

6. الذكاء الاصطناعي والتعلم الآلي (Artificial intelligence and machine learning)

الذكاء الاصطناعي (AI) والتعلم الآلي (ML) هما فرعان من فروع علوم الحاسوب يمكّنان الآلات من تنفيذ المهام التي تتطلب عادةً ذكاءً بشريًا، مثل التعلم والاستدلال وحل المشكلات.

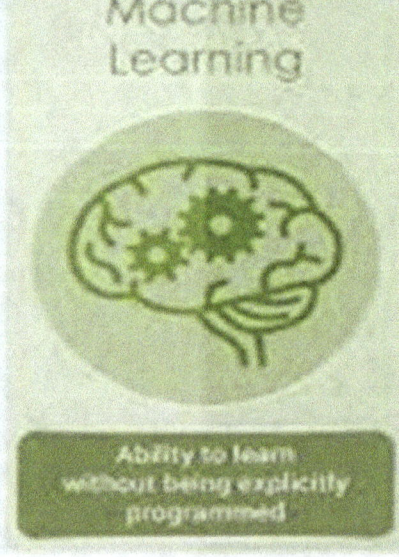
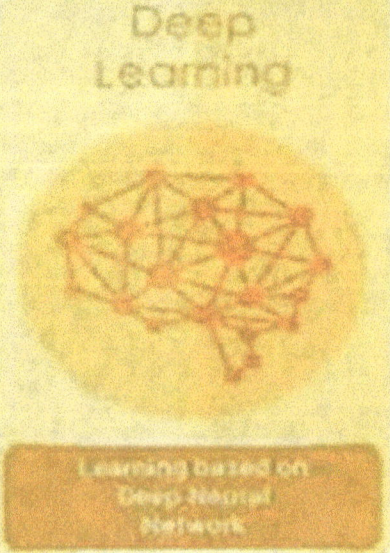

الفرق بين التعلم العميق وتعلم الآلة والذكاء الاصطناعي

في التكنولوجيا الحيويّة، أصبحت هذه التقنيات ذات أهمية متزايدة لمساهماتها في اكتشاف الأدوية والطب الشخصي وتصميم التجارب السريرية، ويمكن أن يساعد الذكاء الاصطناعي والتعلم الآلي أيضًا التكنولوجيا الحيويّة في التغلب على بعض التحديات التي تواجهها، لا سيما في البحث والتطبيق، مثل تعقيد البيانات وقابلية التوسع وإمكانية التكاثر.

في تقرير أجرته شركة Vantage Market Research، من المقرر أن يصل حجم سوق الرعاية الصحية العالمي إلى 95.65 مليار دولار بحلول عام 2028. مع هذا الاتجاه التصاعدي في الصناعة، يمكننا أن نتوقع رؤية المزيد من شركات التكنولوجيا الحيويّة تستفيد من هذه التقنيات لدفع الابتكار، وتحديداً في علم الجينوم واكتشاف المخدرات.

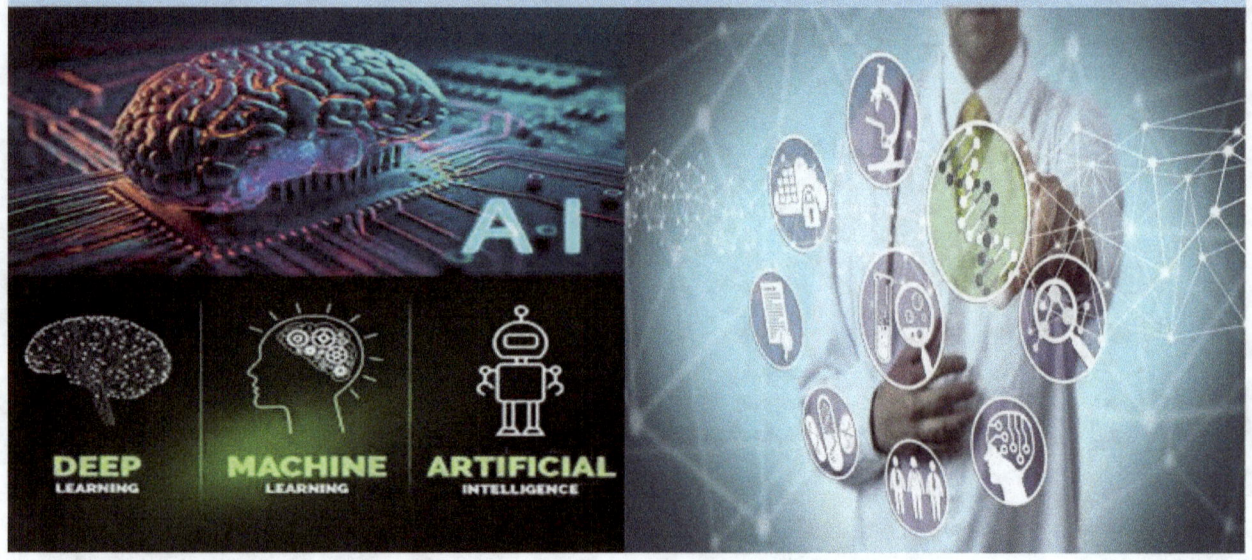

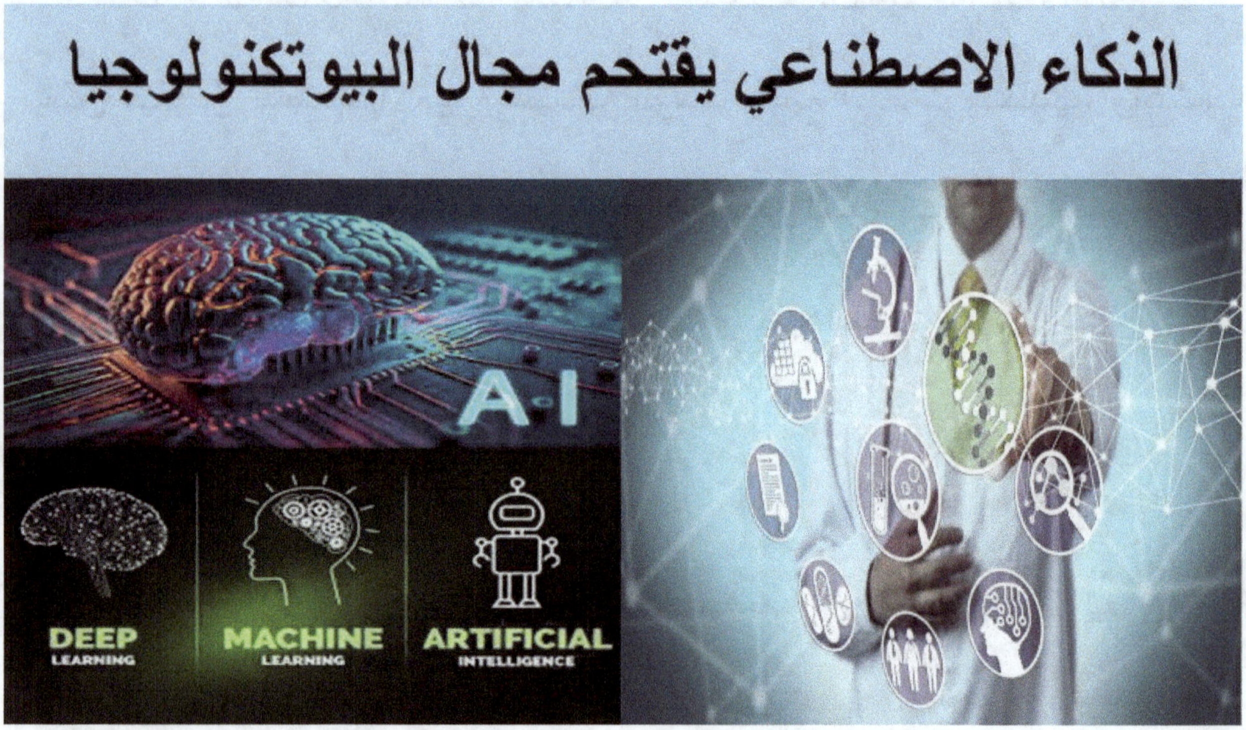

الذكاء الاصطناعي يقتحم مجال البيوتكنولوجيا

7. الصحة الرقمية (Digital health)

تشير الصحة الرقمية إلى استخدام التقنيات الرقمية لتحسين تقديم الرعاية الصحية ونتائج المرضى، يمكن لهذه الحلول أن تمكّن من الوصول بشكل أفضل إلى الخدمات الصحية وجودتها وكفاءتها، مما يعود بالفائدة على مختلف أصحاب المصلحة.

على سبيل المثال، يمكن للمرضى استخدام الأدوات الصحية الرقمية لمراقبة حالاتهم الصحية وإدارة أدويتهم والتواصل مع مقدمي خدماتهم، بينما يمكن لمقدمي الخدمات

تشخيص الأمراض وعلاجها وتحسين سير العمل وتنسيق الرعاية، وفي الوقت نفسه يمكن للباحثين استخدام الأجهزة الصحية الرقمية لجمع البيانات وتحليلها، واكتشاف رؤى جديدة، وتطوير تدخلات جديدة، ويمكن لواضعي السياسات تحقيق أقصى استفادة منها لاتخاذ قرارات مستنيرة، وتقييم السياسات، وتنظيم المعايير.

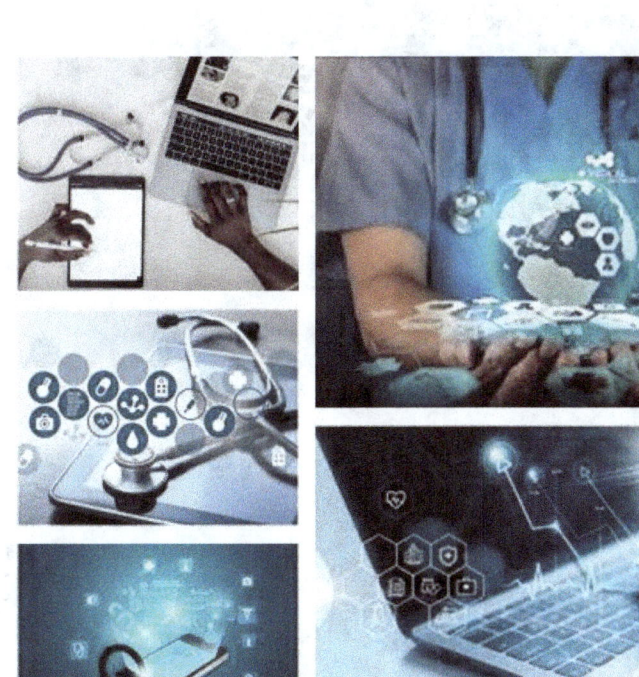

الصحة الرقمية
التقاء التقنيات الرقمية مع الصحة والرعاية الصحية والمعيشة والمجتمع لتعزيز كفاءة تقديم الرعاية الصحية

8. الطب الدقيق (Precision medicine)

يسمح نهج الطب الدقيق للباحثين والأطباء على حد سواء بالتنبؤ بعلاج أكثر دقة واستراتيجيات وقائية لمرض معيّن عادةً في مجموعات من الناس.

الهدف من هذا الاتجاه هو تقليل أخطار المضاعفات البشرية في صناعة الرعاية الصحية، يتمسك المتخصصون في مجال العلوم بوعد الطب الدقيق مع توسعها في المستقبل.

مقارنة بين الطب التقليدي والطب الدقيق

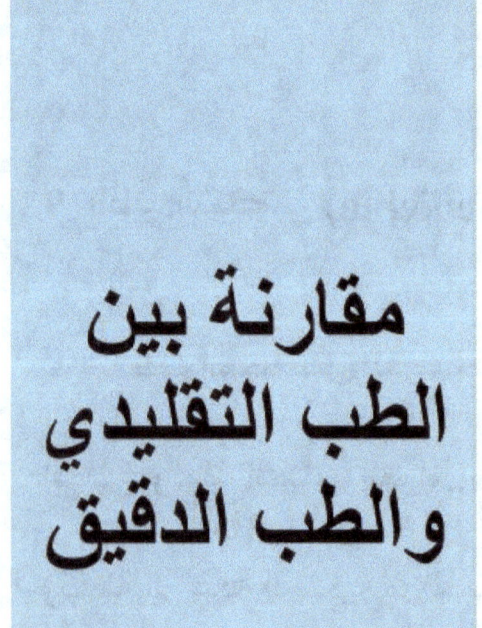

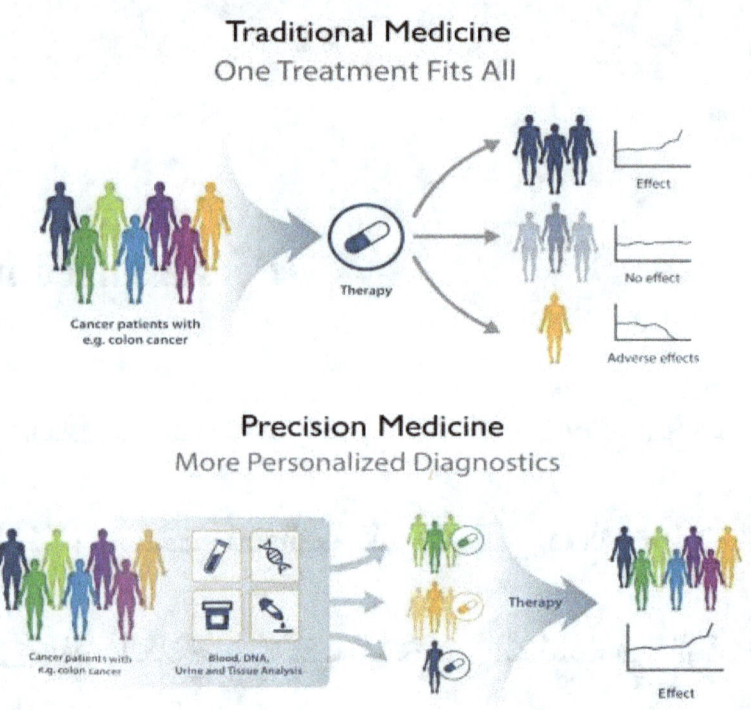

أركان وعلوم الطب الدقيق

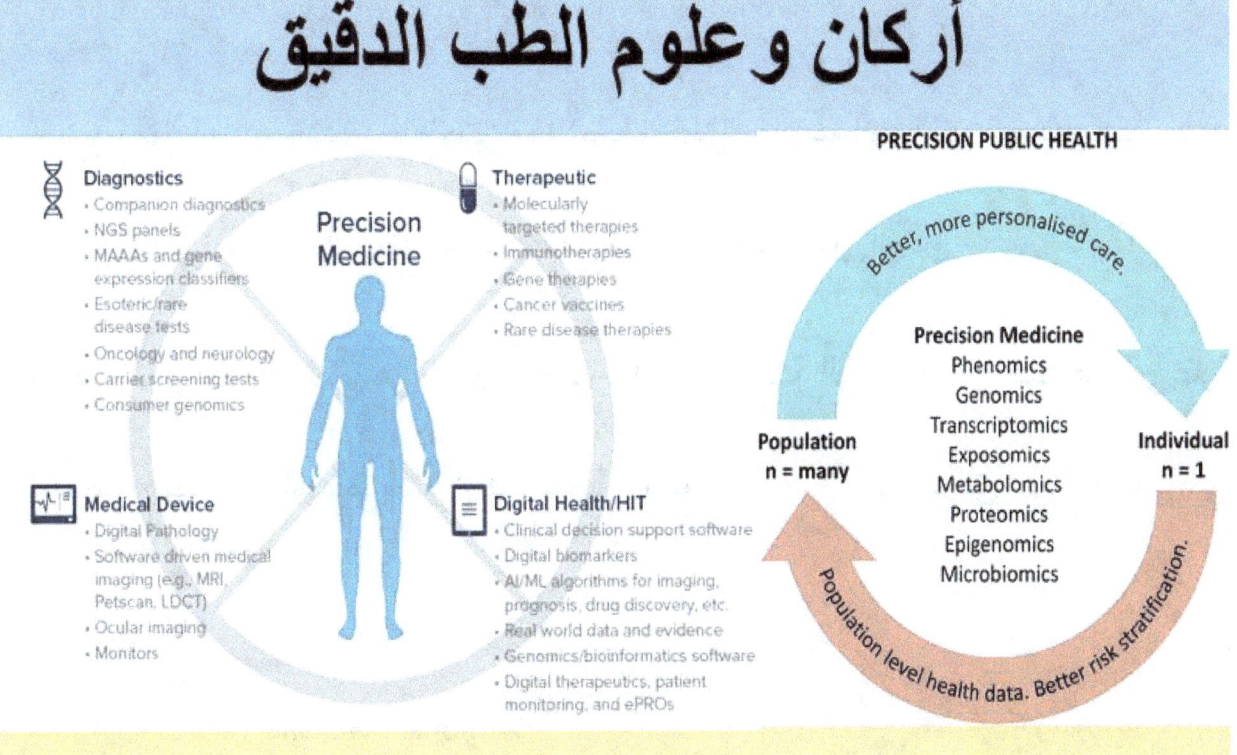

9. الطب الشخصي (Personalized medicine)

يقوم الطب المخصص بتخصيص العلاجات الطبية للمرضى الأفراد بناءً على التركيب الجيني ونمط الحياة والعوامل البيئية، ويهدف هذا النهج إلى تحسين فعالية وسلامة وتكلفة الرعاية الصحية من خلال توفير العلاج المناسب للشخص المناسب في الوقت المناسب.

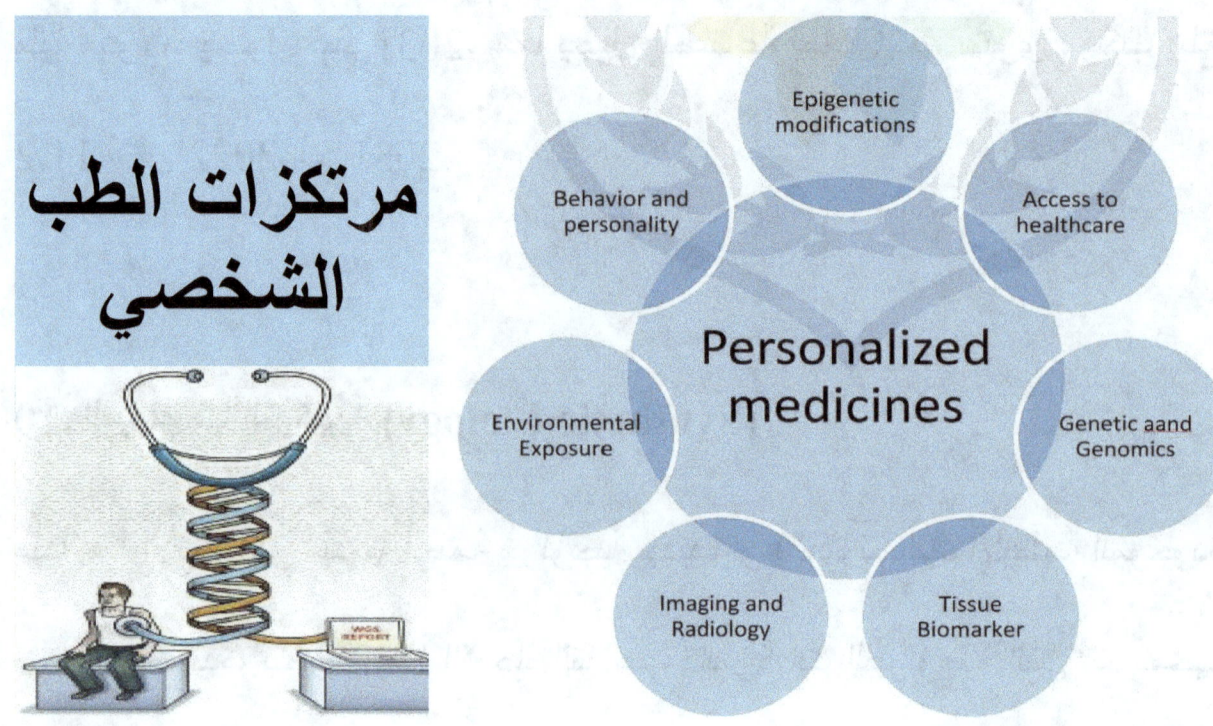

مرتكزات الطب الشخصي

في التكنولوجيا الحيويّة يسمح هذا بتسلسل أسرع وأرخص للحمض النووي البشري، مما يساعد الباحثين والأطباء على فهم كيفية تأثير الجينات على الصحة والمرض وكيف تتفاعل مع الأدوية والعلاجات الأخرى.

من بين الفوائد العديدة للطب الشخصي تحديد المرضى الذين هم أكثر عرضة للاستجابة لبعض علاجات السرطان أو المعرضين لخطر تطوير ردود فعل سلبية لبعض الأدوية.

من حيث حجم السوق، تُظهر دراسة أبحاث السوق المتحالفة أن حجم سوق الأدوية الشخصية العالمية بلغ 300 مليار دولار في عام 2021 ومن المُقدّر أن تحقق 869.5

مليار دولار بحلول عام 2031، مما يجعل الصناعة بمعدل نمو سنوي مركب يبلغ 11.2٪ من 2022 إلى 2031.

10. البيولوجيا التركيبية (Synthetic Biology)

مبدأ هذا الاتجاه هو هندسة أنظمة بيولوجية جديدة أو إعادة تصميم الأنظمة الموجودة لأغراض مفيدة، يتضمن هذا الاتجاه التلاعب بالمركبات البيولوجية التي يتم دمجها بعد ذلك في الخلايا التي يتم اختيارها لتوفير إستراتيجية تجريبية مناسبة.

وعلى الرغم من وجود عقبات يجب التغلب عليها في هذا الاتجاه، إلا أن إمكاناته لا تزال تفوق التحديات؛ إنه قادر على تقديم حلول جديدة للزراعة والرعاية الصحية العالمية والتصنيع وغيرها الكثير.

تطبيقات البيولوجيا التركيبية

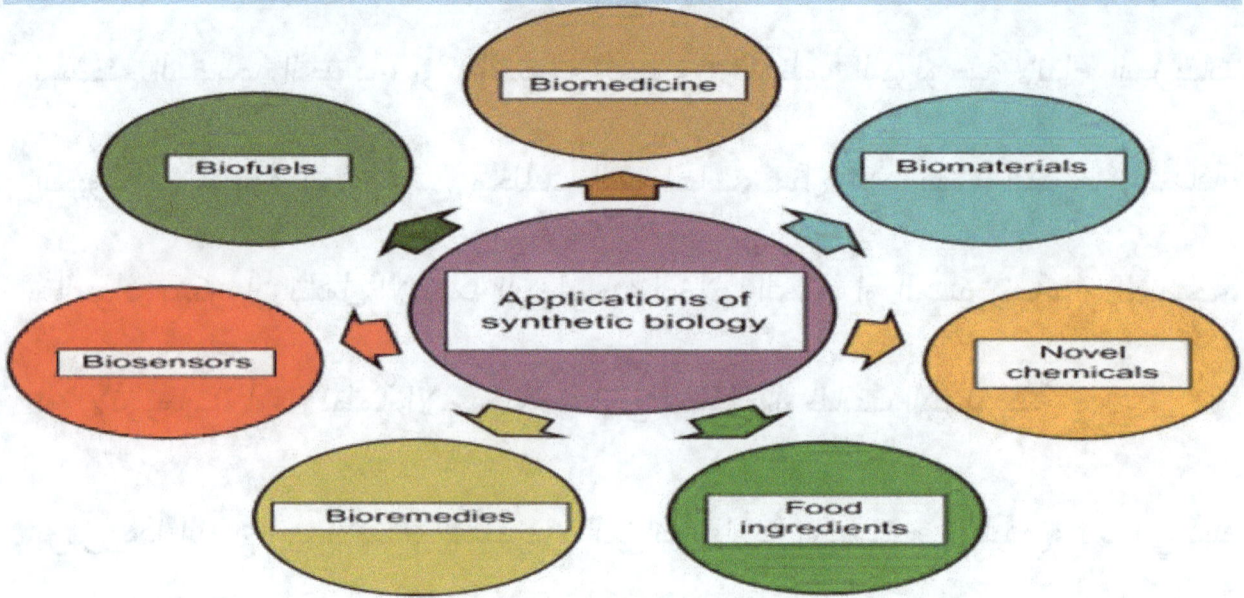

البيولوجيا التركيبية أحد الأركان الثلاثة للبحث البيني

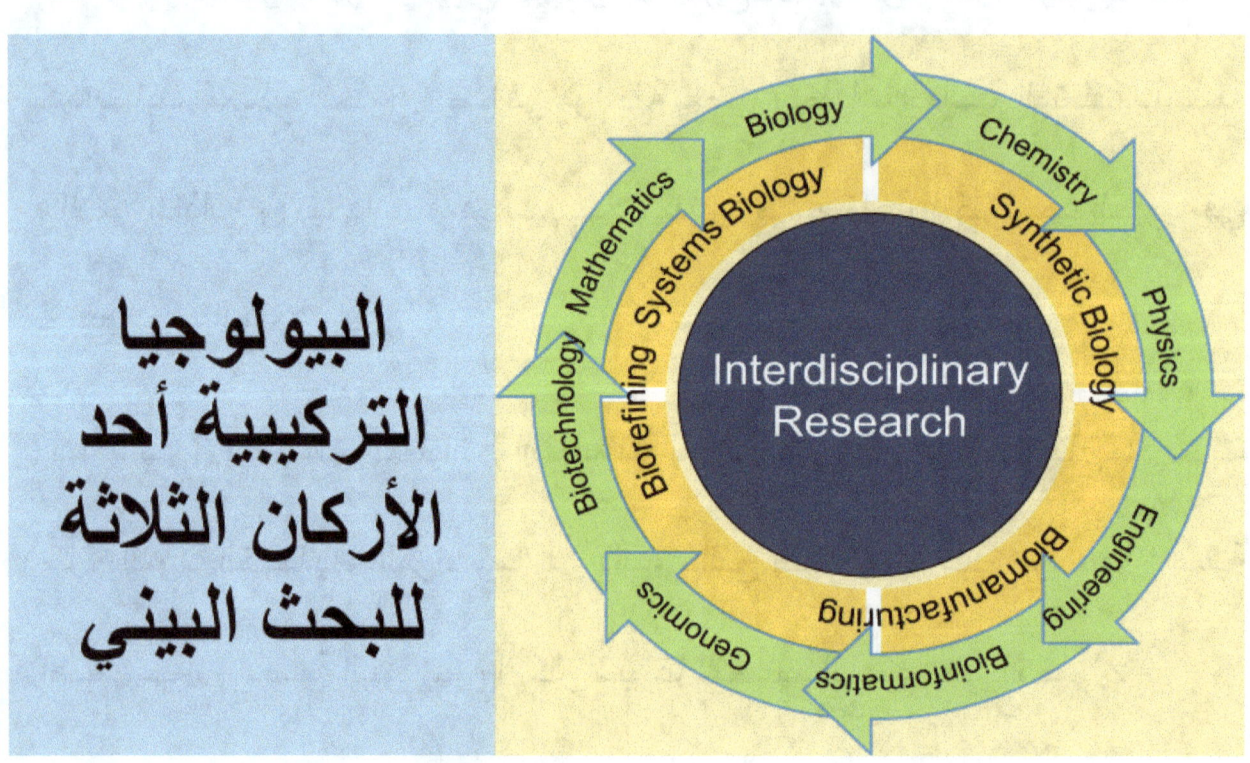

11. التصنيع الحيوي (Biomanufacturing)

تستخدم المعالجة الحيويّة، أو (التصنيع الحيوي) الأنظمة البيولوجية لإنتاج الجزيئات الحيويّة الأساسية تجاريًا في مختلف الصناعات، مثل الأدوية، والغذاء، والطاقة، والمواد. يمكن أن تشمل الأنظمة البيولوجية الخلايا الحية، أو المسترخية، أو الأنسجة، أو الإنزيمات، أو الأنظمة الاصطناعية التي تحاكي الوظائف البيولوجية.

يوفر هذا النوع من الإنتاج العديد من المزايا مقارنة بالتصنيع التقليدي، بما في ذلك الكفاءة العالية، والتأثير البيئي المنخفض، والتنوع الأكبر، وتحسين جودة المنتجات، كما يساعد التصنيع الحيوي أيضًا في مواجهة بعض التحديات العالمية المتعلقة بالصحة والأمن الغذائي والاستدامة، وهو مهم بشكل متزايد في صناعة التكنولوجيا الحيويّة في جميع أنحاء العالم.

يعتمد هذا الاتجاه على العمليات والتفاعلات التي تحدث بشكل طبيعي لإنتاج مخرجات مثل: المواد الكيميائية والمواد وما إلى ذلك، والتي يتم إنتاجها عادة من خلال عملية اصطناعية، والعملية البيولوجية الأكثر شيوعًا للتصنيع الحيوي هي التخمر.

الهدف من هذا التطبيق في التصنيع الحيوي هو البحث عن طرق لتعزيز الاستدامة وتقليل استهلاك الطاقة وزيادة الابتكار والإنتاجية، هذا الاتجاه مهيأ حقًا لمواصلة التقدم.

قال تقرير لشركة (ماكينزي): إن التصنيع الحيوي يمكن أن يدر ما يصل إلى 4 تريليونات دولار سنويًا من القيمة الاقتصادية على مدى السنوات العشر إلى العشرين القادمة، بعض الأمثلة على المنتجات المصنعة بيولوجيًا هي: الوقود الحيوي، والبلاستيك الحيوي، والمستحضرات الصيدلانية الحيويّة، والمبيدات الحيويّة، وأجهزة الاستشعار الحيوية.

12 .الاستدامة (sustainability)

في جميع الصناعات، أصبحت الاستدامة أحد أهم الجوانب عند إدارة العمليات التجارية، ولا يعد قطاع التكنولوجيا الحيويّة استثناءً. الآن وأكثر من أي وقت مضى، تركز شركات البيوتكنولوجيا بشكل متزايد على تطوير حلول مستدامة للزراعة والبيئة.

أركان ومرتكزات الإستدامة

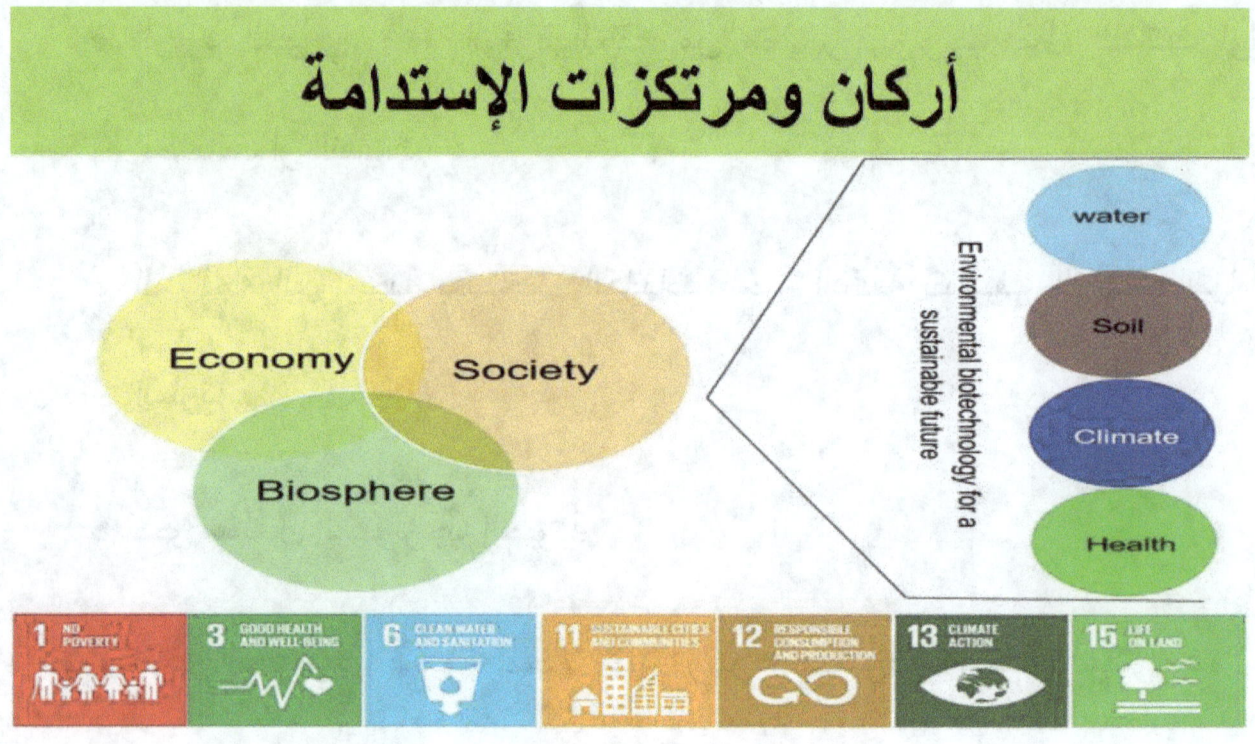

يمكن أن تتضمن الاستدامة في التكنولوجيا الحيويّة مناهج مختلفة، مثل:

- البلاستيك الحيوي - البلاستيك المشتق من مصادر الكتلة الحيويّة المتجددة بدلاً من الوقود الأحفوري.

- المنظفات الأنزيمية - المنظفات التي تحتوي على إنزيمات يمكنها تكسير البقع في درجات حرارة منخفضة وقابلة للتحلل الحيوي.

- الوقود الحيوي، وهو الوقود المنتج من مصادر بيولوجية مثل النباتات أو الطحالب أو النفايات.

- المعالجة البيولوجية باستخدام الكائنات الحية الدقيقة لتنظيف التربة والمياه الملوثة.

- نحو مستقبل التكنولوجيا الحيوية.

تعد صناعة التكنولوجيا الحيويّة مجالًا مثيرًا وسريع التغير، وهو يوفر ابتكارًا هائلاً وإمكانات نمو هائلة مع وضع ذلك في الاعتبار، من المرجح أن تنجح شركات التكنولوجيا الحيويّة لتظل في طليعة أحدث الاتجاهات والتطورات وتمهد الطريق لمستقبل أفضل.

المراجع

1- Bhatia, S., & Goli, D. (2018). History, scope, and development of biotechnology. Introduction to Pharmaceutical Biotechnology, 1, 1-61

2- Demain, A. L., Vandamme, E. J., Collins, J., & Buchholz, K. (2017). History of industrial biotechnology. Industrial biotechnology: microorganisms, 1, 1-84.

3- Verma A S, Agrahari S, Rastogi S and Singh A (2011) biotechnology in the realm of history, J. Pharm. Bioallied Sci. 3 321–3

4- Bud, R. (2001). History of biotechnology. e LS.

5- Buchholz, K., & Collins, J. (2013). The roots—a short history of industrial microbiology and biotechnology. Applied microbiology and biotechnology, 97, 3747-3762.

6- Bud, R. (1994). The uses of life: a history of biotechnology. Cambridge University Press.

7- Fári M G and Kralovánszky U P 2006 The founding father of biotechnology: Karl Ereky, Int. J. Hort. Sci. 12 9–12

8- Buchholz, K., & Collins, J. (2014). Concepts in biotechnology: History, science and business. John Wiley & Sons.

9- Beppu, T. (2000). History of modern biotechnology I. Springer Science & Business Media.

10- Bud, R. (1991). Biotechnology in the twentieth century. Social studies of science, 21(3), 415-457.

11- Travis, A. S., Hornix, W. J., & Bud, R. (1992). The zymotechnic roots of biotechnology. The British Journal for the History of Science, 25(1), 127-144.

12- Fukuyama, F. (2003). Our posthuman future: Consequences of the biotechnology revolution. Farrar, Straus, and Giroux.

13- Sager, B. (2001). Scenarios on the future of biotechnology. Technological Forecasting and Social Change, 68(2), 109-129.

14- Jansen, K., & Gupta, A. (2009). Anticipating the future: 'Biotechnology for the poor 'as unrealized promise? Futures, 41(7), 436-445.

15- Dyson, F. (2007). Our biotech future. The New York Review of Books, 54(12).

16- Bennett, A. B., Chi-Ham, C., Barrows, G., Sexton, S., & Zilberman, D. (2013). Agricultural biotechnology: economics, environment, ethics, and the future. Annual Review of Environment and Resources, 38, 249-279.

17- Sobti, R. C., Arora, N. K., & Kothari, R. (Eds.). (2018). Environmental biotechnology: for sustainable future. Springer.

18- Noll, P., & Henkel, M. (2020). History and evolution of modeling in biotechnology: modeling & simulation, application, and hardware performance. Computational and Structural Biotechnology Journal, 18, 3309-3323.

19- Steinwand, M. A., & Ronald, P. C. (2020). Crop biotechnology and the future of food. Nature Food, 1(5), 273-283.

20- Kuzma, J. (2022). Implementing responsible research and innovation: A case study of US biotechnology oversight. Global Public Policy and Governance, 2(3), 306-325.

21- Kuzma, J. (2022). Governance of gene-edited plants: Insights from the history of biotechnology oversight and policy process theory. Science, Technology, & Human Values, 01622439221108225.

الملخصات

الملخص العربي

البيوتكنولوجيا: التاريخ والمستقبل

ملخص : البيوتكنولوجيا: التاريخ والمستقبل كتاب منهجي علمي وُزِّعت مادته على بابين؛ أُفرد الأول منهما لسرد تاريخ البيوتكنولوجيا وهو بدوره يضم فصلين ، يستعرض الأول بصورة مختصرة وعابرة الحقبات والفترات البارزة للتاريخ العام للبيوتكنولوجيا، أما الثاني وهو التاريخ المفصل للبيوتكنولوجيا ،فيشرح التسلسل التاريخي المفصل لتطور التكنولوجيا الحيويّة عبر11 مرحلة تبدأ من عصور ما قبل الميلاد بـ 10000 سنة إلى مرحلة 2020 - إلى الآن مع التركيز على أهم الأحداث والشخصيات العلمية التي وضعت بصمتها بمنجزاتها العلمية الفارقة، أما الباب الثاني (مستقبل البيوتكنولوجيا) ،فيشرح التطورات والابتكارات والتوجهات المستقبلية للتقنية الحيويّة معرجا على أهم التقنيات الواعدة كتحرير الجينات وعلم الجينوميات، وتطبيقات الذكاء الاصطناعي في الطب الشخصي، والصحة الرقمية، إلى جانب تكنولوجيا الخلايا الجذعية والهندسة النسيجية والطباعة الحيويّة والتصنيع الحيوي المراعي لأبعاد الاستدامة البيئية.**الكلمات المفتاحية:** البيوتكنولوجيا، تاريخ عام، تاريخ مفصّل، ابتكارات، توجهات مستقبلية.

Biotechnologie : Histoire et Avenir

Résumé : Biotechnologie : Histoire et avenir est un livre méthodologique scientifique dont le matériel a été divisé en deux parties. Le premier passe en revue de manière brève et passagère les époques et les périodes marquantes de l'histoire générale de la biotechnologie, tandis que le second est l'histoire détaillée de la biotechnologie, il explique la séquence historique détaillée du développement de la biotechnologie à travers 11 étapes, à partir de 10000 avant JC jusqu'à l'étape 2020 - jusqu'à maintenant, en mettant l'accent sur les événements scientifiques les plus importants et les personnalités qui ont fait leur marque avec leurs réalisations scientifiques distinguées. Quant au deuxième chapitre, l'avenir de la biotechnologie, il explique les développements, les innovations et les orientations futures de la

biotechnologie, en passant en revue les technologies prometteuses les plus importantes, telles que l'édition de gènes, la génomique et les applications de l'intelligence artificielle dans la médecine personnelle et la santé numérique, en plus de la technologie des cellules souches, de l'ingénierie tissulaire, de la bioimpression et de la biofabrication qui prend en compte les dimensions de la durabilité environnementale.

Mots clés : biotechnologie, histoire générale, histoire détaillée, innovations, orientations futures

الملخص الإنجليزي

Biotechnology : History and Future

Summary : Biotechnology : History and Future is a scientific methodological book whose material was distributed in two parts. From pre-Christmas times, 10000 years ago, to the stage of 2020 - until now, with a focus on the most important events and scientific personalities that made their mark with their distinguished scientific achievements. As for the second chapter, the future of biotechnology, it explains the developments, innovations, and future directions of biotechnology, reviewing the most important promising technologies, such as gene editing, genomics, and applications of artificial intelligence in personal medicine and digital health, in addition to stem cell technology,

tissue engineering, bioprinting, and biomanufacturing that considers the dimensions of environmental sustainability.

Keywords: biotechnology, general history, detailed history, innovations, future directions

مؤلفات د. بن عمر شبة

م	عنوان الكتاب
1	Laser Biophotonics: Principles and Applications in Medicine and Life Sciences ليزر البيوضوئيات: مبادئ وتطبيقات في الطب وعلوم الحياة.
2	زيتون المائدة: طرق التخليل والحفظ Table olives: methods of pickling and preserving
3	الكفير: المكروبيولوجيا والبيو تكنولوجيا الغذائية والصحية Kefir: Microbiology and Food and Health Biotechnology
4	CHITIN, CHITOSAN, AND CHITINASES BIOTECHNOLOGY: Chemistry, Properties, production, and biotechnology بيوتكنولوجيا الكايتين والكايتوزران والكايتينيز: الكيمياء، الخواص، الإنتاج ، والتكنولوجيا الحيوية (باللغة الإنجليزية ومترجم الى 8 لغات)
5	دليل الارتقاء في مهارات الإلقاء speaking skills improving guide
6	مواصفات الجودة لزيتون المائدة Table Olives Quality Specifications
7	الرايزوسفير: إيكوبيولوجيا ،ميكروبيولوجيا وبيوتكنولوجيا The Rhizosphere: Ecobiology, Microbiology and Biotechnology
8	قاموس الزيتون الثلاثي اللغة - عربي - انجليزي – فرنسي Olive Trilingual Dictionary - Arabic - English - French
9	البيوتكنولوجيا: التاريخ والمستقبل Biotechnology: History and Future
10	أساسيات البيوتكنولوجيا: تعاريف، تصانيف، علوم، ألوان، مزايا وعيوب BIOTECHNOLOGY BASICS: Definitions, Classifications, Disciplines, Colors, Advantages, Disadvantages
	روابط الكتب موجودة في ركن كتبي المنشورة في مدونة ببيوتك https://www.b-biotech.net/p/my-published-books.html

Book title: Biotechnology: History and Future

Author: Dr. Ben Amar Cheba

Copyright Year: 2024

ISBN: 978-1-4466-3876-7

Biotechnology: History and Future

Dr. Ben Amar Cheba

Associate Professor of Biotechnology

2024